# 掌控感

## 精英都在用的大脑整理术

[韩] 金炅禄 著

刘亚斐 译

民主与建设出版社

·北京·

© 民主与建设出版社，2022

**图书在版编目（CIP）数据**

掌控感：精英都在用的大脑整理术 / (韩) 金炅禄
著；刘亚斐译 . —— 北京：民主与建设出版社，2022.11
ISBN 978-7-5139-3897-6

Ⅰ . ①掌… Ⅱ . ①金… ②刘… Ⅲ . ①思维方法—通
俗读物 Ⅳ . ① B80-49

中国版本图书馆 CIP 数据核字 (2022) 第 120549 号

< 내 머릿속 청소법 >
© 김경록 / KIM KYUNG ROK / 金炅禄 , 2019
The simplified Chinese translation is published by arrangement with Garden-of-Books
Publishing Company through Rightol Media in Chengdu.
本书中文简体版权经由锐拓传媒取得 (copyright@rightol.com)。

著作权合同登记号　01-2022-3817

**掌控感：精英都在用的大脑整理术**
ZHANGKONGGAN JINGYING DOU ZAI YONG DE DANAO ZHENGLISHU

| | | |
|---|---|---|
| 著　　者 | [韩] 金炅禄 | |
| 译　　者 | 刘亚斐 | |
| 责任编辑 | 程　旭 | |
| 封面设计 | 仙境工作室 | |
| 出版发行 | 民主与建设出版社有限责任公司 | |
| 电　　话 | （010）59417747 59419778 | |
| 地　　址 | 北京市海淀区西三环中路 10 号望海楼 E 座 7 层 | |
| 邮　　编 | 100142 | |
| 印　　刷 | 天津旭非印刷有限公司 | |
| 版　　次 | 2022 年 11 月第 1 版 | |
| 印　　次 | 2022 年 11 月第 1 次印刷 | |
| 开　　本 | 880 毫米 × 1230 毫米 1/32 | |
| 印　　张 | 7 | |
| 字　　数 | 126 千字 | |
| 书　　号 | ISBN 978-7-5139-3897-6 | |
| 定　　价 | 49.80 元 | |

注：如有印、装质量问题，请与出版社联系。

# 目录
## CONTENTS

## 第三章

### 告别无序：思想依靠表达实现

## 第四章

### 用创意解决问题：当思想与思想碰撞

## 走出混乱的工作和生活，从清理大脑垃圾开始

你是否对这样的经历记忆犹新：为了寻找某件物品而走进积年未清扫的房间或仓库，面对偌大的"垃圾场"简直无从下手？对于这种情况，你有何反应呢？想必是气血翻涌，烦躁不已。如果将存放物品的箱子一个个打开翻找，肯定会消耗很多时间。这时，你叹了一口气——之前应该将这里好好清理一下的。

为了避免这类问题，我们需要定期进行清理。垃圾和其他无用的物品应当及时扔掉，而被留下的物品则应按照明确的标准进行分类。清理、整顿能够使我们的工作变得条理分明，从而提高效率。全球最大的网络电子商务公司亚马逊之所以能够使用仓库机器人，其井然有序的仓库功不可没。也就是说，得益于优秀的仓库清理制度，亚马逊能够配备更加先进的操作系统——用机器人来出色地完成所有的工作。

我们能否对大脑进行同样的操作呢？在很多情况下，大脑无法成为清理的对象，因为我们无法通过双眼直接看到并得知大脑的状况。然而，如果我们突然忘记某件十分重要的事情，或者在开始进行一项庞大的工作时感到茫然无措，或者向领导汇报工作时语无伦次、毫无逻辑可言，就意味着我们需要对自己的大脑进行清理了。

几年前，我还是一名销售员。那时我刚入职6个多月，突然被负责人事的部长约谈。部长对我说，由于我过去半年的工作态度和业绩还不错，要给我涨薪水；而且部长特别提到，这是社长亲自吩咐的。我有些受宠若惊，没想到好事会突然降临。就从那一天开始，我的年薪一下子上涨了15%。周围的同事听说这件事时，都很吃惊："是真的吗？这怎么可能？"

看似不可能的事成为可能，其中秘诀就是"大脑清理法"。我每天清晨都会清理一遍自己的大脑，将所有的工作排列一遍，然后制作一张思维导图。在一天的工作正式开始前，我会将工作内容分成"我独立完成的工作""他人独立完成的工作"以及"我与他人合力完成的工作"三种类型。销售员往往奔波忙碌，除了要完成公司分派的工作，还要及时回应客户的诉求。不过，在大脑清理法的帮助下，我在处理大量业务的同时，还有余力筹划新的项目。像这样，只需要对大脑稍加清理，我们的日常生活就会有所不同，而且在面对堆积如山的工作时也能举重若轻。

大脑清理法不仅会改变我们的日常生活，还会改变我们的人生。许多职场人士甚至都不清楚自己究竟想做什么、如何去做，遑论正在求职的毕业生。如果一个人连自己的梦想是什么都不清楚就开始择业，他会喜欢上自己的工作吗？要知道，在职场中，仅仅是运营一个项目，也要照顾别人的情绪，无法完全按照自己的想法推进。这样一来，从工作中获得的满足感会越来越少，久而久之就会产生"这不是我想要的工作"的想法。

然而，如果你思路清晰、条理分明，你就会意识到自己真正想做的工作是什么。"多金"将不再是至上的标准，你将聚焦于"自己"和"社会"，并据此设定全新的目标。你会进行抉择：继续维持当下的工作，还是开始一份新工作。另外，即使不可避免地要做自己不喜欢的工作，你也会意识到，你可以将其作为达成自己心仪目标的一个跳板。这样一想，你就会有坚持下去的动力。由此可见，大脑清理法是帮助我们活出自己的最主要的推动力。

最后，大脑清理法能够帮助你驱走心中的恐惧。有这样一群人，他们总是信誓旦旦，实际上却无所作为。这是因为，他们对于将决定付诸行动感到恐惧。"选择困难症"也是这样。选择困难症人群之所以很难做出选择，是因为他们对自己的选择所导向的结果深怀恐惧——万一失败了怎么办？然而，失败其实是通往下一个阶段的必然过程。而且，如果你愿意通过清理大脑，为自己的日常生活和人生带来一点改变，你对自己就会产生一种信赖感。而这种信赖感将成为我们面对逆境或遭遇挫折时能够咬牙坚持下去的力量。最终，你原先的恐惧感消失，曾经三天打鱼两天晒网的你也会焕然一新。

这本书全面介绍了我十多年来所有的生活方式与工作方式，也收录了我成为培训讲师和思维导师后所学习和讲授的内容。有趣的是，如果没有大脑清理法的帮助，我无法写成这本介绍大脑清理法的书籍。因此，本书的成书及出版也算是大脑清理法的成果之一。

此外，如果没有大家的信任和帮助，我或许早已中途放弃。感谢在两年多的时间里，为了彼此的梦想与目标携手共进的朋友，他们是来自"需求·梦想集会"的孙正浩、朴容和、金恩淑、金闵均等培训讲师，正是他们给予的信任，成就了现在的我。另外，还有两位帮助我走上正确的人生道路的培训讲师，分别是张韩星老师和刘延贞老师；还有从教学到课程设计都让我放手去做的阿里郎学院<sup>①</sup>的文炫佑代表，同时也是我值得信赖的好友；还有我的

---

① 阿里郎学院是韩国的一家艺术教育机构，主要教授韩国传统艺术如伽倻琴、盘索里、传统舞蹈，同时也致力于韩国文化在韩国乃至全世界范围内的传承和发扬。
——译者注

精神导师，也就是来自艾瑞克森 NLP 心理研究所的郑贵秀代表，以及所有我爱的人。最后，我想特别感谢一直陪伴在我身旁的爱人，和在我面临重要的选择而犹豫不决时，总是笑着指点我遵从自己的内心，相信我、深爱我的母亲。谢谢你们，我爱你们。

金炅禄于 2019 年 5 月

# 第一章

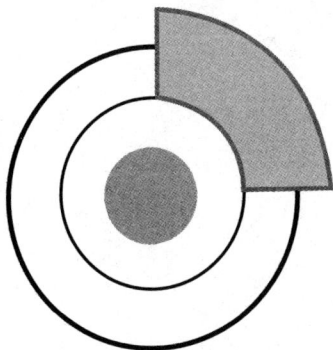

## 停止内耗：清理应当清理的，保留应当保留的

# 思维工具的重要性，丁若镛早就知道啦

## "好记性不如烂笔头"

我们都在思想的汪洋里漂泊。在上班路上，瞥见路边的减肥食品广告，我们就会暗暗下决心减肥；到办公室后，查看上司分派的任务时，我们又会在心里问自己："这一切到底什么时候是个头？"即使没有健忘症，我们有时也会忘记很重要的日程；大脑超负荷运转，甚至会突然"死机"。著名的心理学家沙德·黑姆施泰特（Shad Helmstetter）认为，人的大脑每天会产生5万~6万个想法。然而，我们的大脑并不是万能的超级计算机。如果多余的想法持续累积，就会降低大脑的思考速度，甚至会出错。

让我们仔细观察一下某位职场人士的日常生活。企划部的金代理遭遇了一件烦心事。他负责对一周前入职的新员工进行培训，但真正开始培训时，他又不知道该从何做起。此外，仅是本周内需要提交的报告就有两份。照这样下去，不仅培训无法好好进行，报告也无法按时提交。他之前就有一次，也是因为任务堆积，报告写得不好，惹得卢课长 ① 大发雷霆，那种场景仍历历在目。想到这里，金代理倍感压力。

金代理十分羡慕隔壁部门的李代理。李代理的处境与自己相似，也负责新职员的培训，同时也在赶写好几份报告。但是，李代理的神情看起来却很悠闲，新来员工都紧紧跟在他身后，看样子培训得很好。

职场人士想必都遇到过以上情况。面对相似的处境，金代理和李代理却有不同的反应，究竟是为什么？正是因为思维整理。思想是行为的先导，思想决定着人的所有行为。如果一个人头脑清晰，他就能高效地处理好每一项工作。这是因为他清楚自己应当做什么，并且从中获得了信心。许多在某方面成绩突出、工作出色的人都悄悄掌握了一种思维整理法。擅长进行思维整理的人通常具备以下两个特征。

第一个特征是，他们会灵活使用各种工具。如果想法泛滥，就会沦为空想。而善于进行思维整理的人会利用手边的记事本或手机 App，梳理昨天完成的事项和工作进展情况，然后据此写下今天将要进行的事项。

---

① 相当于部门主管的职务，类似于中国公司的科长、部长。——译者注

　　想法是一种看不见摸不着的存在，如果不加以记录，5 分钟过后，我们就很难想起刚才有过什么想法。相反，只要将自己要做的事情写下来，有关这个想法的下一个想法就能自然产生。德国有一句俗语是"钝铅笔胜过好脑瓜"，它强调了动笔记录的重要性。

　　第二个特征是，擅长思维整理的人会对自己的诸多想法进行分类。将待办事项整理成一张清单并不是思维整理的最后一步，相反，列出清单后，我们的思维整理才刚刚开始。为了进行系统的思维整理，我们需要借助一个框架（framework）。如果说用来记录各种想法的记事本是可视的工具，框架就是不可见的工具。假设我们需要写一份有关自己的报告。

　　关于我们自己的一切，想到什么就写什么：

● 喜欢尝试各种美食店

● 喜欢看书

● 无法长时间集中注意力

● 金融硕士毕业

● 喜欢站在大家面前发言

● 专职培训讲师

● 擅长操作计算机

● 有过多次旅行经历，且经验丰富

● 喜欢运动

● 喜欢钻研电子设备

在没有分类标准的情况下，我想到什么就写什么。结果刚写了三四条，思维就卡住了。回头看看自己写的内容，我发现有的说的是优点，有的说的是缺点，二者不加区分地混合在一起，十分杂乱。接下来进行整理时，如果将原先的内容按照市场营销领域的"SWOT分析法"进行分类，结果就会更有条理，一目了然（见表 1.1）。

表 1.1　SWOT 分析法应用示例

| SWOT 分析法应用示例 | |
| --- | --- |
| 优势（S） | ·喜欢看书<br>·金融硕士毕业<br>·专职培训讲师 |
| 劣势（W） | ·无法长时间集中注意力 |
| 机会（O） | ·喜欢站在大家面前发言<br>·擅长操作计算机 |
| 威胁（T） | ·专职培训讲师（是优势同时也是威胁） |

## 懂得灵活运用"Excel"的丁若镛[①]

如前文所述，我们在进行思维整理时，选择好的工具十分重要。有这样一位人物，早在朝鲜王朝时期就领悟了这一要点，他就是茶山先生丁若镛。

丁若镛是朝鲜王朝时期最出色的学者，在长达 18 年的流放生涯里，写下了数百本著作。他是如何做到的呢？要知道，即使是在如今数字设备如此发达、信息共享如此便捷的时代，写成一本书也实非易事，遑论在朝鲜王朝时期，所有相关工作都只能靠大脑和双手去完成。

丁若镛能够取得如此惊人的成就，秘诀就在于思维整理。

当时李氏朝鲜在位的君主是正祖[②]。有一天，正祖在显隆园[③]，也就是他的父亲思悼世子墓前开始植树，在他的带动下，接下来的 7 年时间里，共有 8 个郡县的百姓广泛参与了这场植树活

① 丁若镛（1762—1836），朝鲜王朝时期的哲学家，朝鲜实学思想的集大成者。一生著有著作五百余部，涉及领域遍及宗教、政治、经济、法律、医学、农事、筑城等诸多方面，是一位学识渊博的全能型人才。——译者注
② 正祖，名讳李祘（韩语：이산），李氏朝鲜的第 22 代君主（1776—1800 年在位），被评价为朝鲜王朝最后一位明君。——译者注
③ 思悼世子即朝鲜王朝时期英祖的次子，在 1762 年被其父英祖关进米柜中饿死，后葬于京畿道杨州的拜峰山。正祖在 11 岁那年目睹了父亲的惨死，在即位后，于1789 将其父思悼世子的遗骸移葬到京畿道水原的花山，并将陵墓命名为显隆园。——译者注

动。于是，正祖想知道这 8 个郡县中，哪个郡县植树最多。然而，正祖将各地每次植树都要上表的公文全部收集起来之后发现，其数量之多可谓汗牛充栋。

于是，正祖唤来丁若镛，将堆成小山一般的公文案簿全部交给他，命他将所有的内容整理成一本书。经过冥思苦想之后，丁若镛开始制作图表（见表 1.2）。

表 1.2　郡县 A 在 1 年内的植树数量统计

| 郡县 A 在 1 年内的植树数量统计 | | | | | |
|---|---|---|---|---|---|
| | 树木 a | 树木 b | …… | 树木 f | 树木 g | 合计 |
| 1 月 | ×××棵 | ×××棵 | …… | ×××棵 | ×××棵 | ×××××××棵 |
| 2 月 | ×××棵 | | …… | ×××棵 | ×××棵 | ×××××××棵 |
| …… | …… | …… | …… | …… | …… | …… |
| 12 月 | ×××棵 | ×××棵 | …… | ×××棵 | ×××棵 | ×××××××棵 |
| 合计 | ×××××××棵 | ×××××××棵 | …… | ×××××××棵 | ×××××××棵 | ×××××××棵 |

丁若镛统合了 8 个郡县的公文，将每个郡县按照年份整理成 7 章，总共得到了 56 个章节。然后，丁若镛又重新梳理了一遍（见表 1.3）。

表 1.3　所有郡县在 7 年内的植树数量统计

| 所有郡县在 7 年内的植树数量统计 | | | | | |
|---|---|---|---|---|---|
| | 郡县 A | 郡县 B | …… | 郡县 F | 郡县 G | 合计 |
| 第 1 年 | ×××棵 | ×××棵 | …… | ×××棵 | ×××棵 | ×××××××棵 |
| 第 2 年 | ×××棵 | | …… | ×××棵 | ×××棵 | ×××××××棵 |
| …… | …… | …… | …… | …… | …… | …… |
| 第 7 年 | ×××棵 | ×××棵 | …… | ×××棵 | ×××棵 | ×××××××棵 |
| 合计 | ×××××××棵 | ×××××××棵 | …… | ×××××××棵 | ×××××××棵 | ×××××××棵 |

像这样，通过改变分类标准，丁若镛最终只用了一章的篇幅就将所有内容收罗在内。

实际上，丁若镛制作的这些图表对我们来说并不陌生。这不正是我们现在常用的表格样式吗？我们只要在电脑上打开 Excel，就能绘制横行竖列的表格。然而，丁若镛在 Excel 还未作为思维工具出现的时代就懂得了这个原理，并且自行划定了分类标准，将庞杂的内容整理成了一目了然的表格。不仅如此，丁若镛在自己所有的工作中都应用了这种方法。不过在这里，有一点我们需要明白。请看郑敏教授撰写的《茶山先生的知识经营术》一书中的一段话：

他（丁若镛）无论是著书还是处理工作都非常明确清晰。他会先根据自己的需求设立目标，然后搜集相关资料。在大概了解资料内容后，对其进行有效分类，然后将分类后的资料置于一个完整的体系中，并将其重新排列。经过缜密的安排，丁若镛的著书工作才能毫无错漏，且有条不紊地进行。

我们注意到，丁若镛在工作时都会设定"明确的目标"。这是因为，如果不设立目标，就无法进行思维整理。正祖将公文整理工作交给丁若镛时，曾明确要求他找出植树最多的郡县，并将所有的公文压缩成一本书的容量。

为此，丁若镛搜集各郡县的公文案簿，并按照标准进行分类。然后将经过第一次分类的内容再次进行排列，最终，他成功地将所有的内容压缩成了一个章节的篇幅。

其实，我们在职场中也是一样。无论是撰写报告书还是企划书，或是对新员工进行培训，如果缺乏明确的目标，会引发怎样的后果呢？大概会像前文提到的金代理一样，最终一无所成，徒增压力罢了。

# 大脑额叶和执行力：
# 助你成为 0.1% 的精英

## 你真的了解自己吗

韩国教育电视台（EBS）的"黄金纪录"频道曾播出过一部大型教育纪录片《何谓学校》。第 8 集"0.1% 的秘密"试图揭开排名前 0.1% 的高中生之所以优秀的秘诀。为此，制作团队与来自成均馆大学教育系的金玄哲教授及其团队共同对韩国成绩排名前 0.1% 的学生进行了多方位的调查，他们将来自韩国各地 164 所学校的 800 名排名 0.1% 的尖子生聚集在一起，另外又安排了 700 名普通学生作为对照。

那么，排名前 0.1% 的尖子生究竟有何特别之处呢？他们真的智商出众吗？研究团队得出的结果出人意料：尖子生与普通生并未表现出明显的不同。论智商，他们不相上下；而通过调查问卷中设置的 116 项问题对他们的家庭环境等因素进行分析后，也没有找到什么特别之处。

于是，研究团队又进行了一项附加调查：测试学生对25个外语单词的记忆水平，以此来探讨他们的成绩与记忆力是否存在关联。他们将"铅笔""钉子""足球"等毫无关联的外语单词打乱顺序，要求5名尖子生与5名普通生在75秒的时间内完整地背诵下来。计时结束后，研究团队首先要求学生们写下自己能够记住的单词个数，结果两组学生给出的数字与预想的数字并无太大差异。随后，研究团队又给出3分钟时间，让两组学生在纸上写下自己记住的单词。这时，结果如何呢？

只统计记住单词的个数时，尖子生与普通生并无太大差异。可是，他们记住的单词个数真的与自己给出的数字相符吗？研究显示，5位普通生的实际测试结果全都与他们的估测不符。其中一名学生预测自己能记住10个单词，但实际上他只记住4个单词。排名0.1%的尖子生的情况如何呢？5名参与测试的尖子生中，有4名学生对自己的预测十分准确。那么，这又说明什么呢？对此，韩国亚洲大学心理学系的金景一教授做出了如下解释：

两组学生的差异并不在于记忆力本身，而是在于对自我能力的评估，即尖子生对于自己的能力处于什么水平拥有相对准确的认知。

结论就是，两组学生的记忆力几乎不存在差别。他们的差异在于是否对自己已经掌握的知识与未及掌握的知识拥有精确的认知，用心理学术语来描述就是"元认知"[①]，也叫"反省认知"。

让我们再来了解一下有关尖子生的其他秘诀。在韩国 KBS 电视台播出的节目《海绵 2.0》中，节目组与首尔大学附属医院共同推出了一期关于学习方法的特辑。首尔大学附属医院的申民燮教授将学习成绩优异的人的特点归结为执行力。**执行力是大脑额叶的重要机能，额叶相当于一家公司的 CEO（首席执行官），在进行决策或处理工作内容时，能够多维度地搜集、组织信息，并且有条不紊地完成任务。**

那么，执行力较差的人又有哪些特征呢？首先，他们会毫无计划地冲动消费。其次，他们在购买东西时，由于不会按照类别寻找商品，会额外浪费许多时间。再次，即使制订了减肥计划，他们每次也都是以失败告终。最后，他们即使确立了某一目标，也容易半途而废；抑或是制定目标时好高骛远，目标超出了自己能力所及的范围。

---

① 美国心理学家约翰·弗拉维尔提出的概念，即对认知的认知。例如，学生在学习中，一方面进行着各种认知活动（感知、记忆、思维等），另一方面又要对自己的各种认知活动进行积极的监控和调节，这种对自己的感知、记忆、思维等认知活动本身的再感知、再记忆、再思维就称为元认知。——译者注

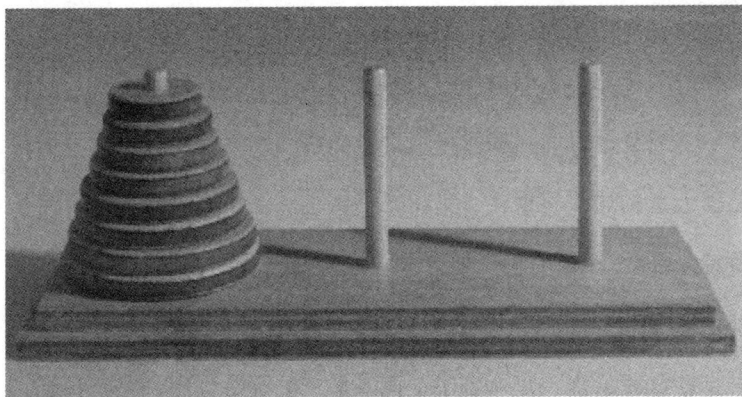

图 1.1 汉诺塔游戏 [①]

来源：Evanherk / Wikimedia Commons

制作团队集结了两类群体，分别是尖子生和执行力较差的人群，然后通过汉诺塔游戏对他们进行测试（见图 1.1）。汉诺塔游戏既可以用来测试执行力，也可以用来培养执行力。在游戏中，有 3 根竖杆，其中一根杆子上整整齐齐摆放着几个大小不一的圆盘，只有将圆盘全部转移到另一根杆子上，游戏才能结束。需要注意的是，一次只能移动一块圆盘，而且较大的圆盘不能摆在较小圆盘的上方。玩家需要绞尽脑汁——怎样将移动圆盘的次数减至最少。

---

① 一个基于印度古老的传说演变而成的脑力游戏。其内容为：有三根杆子 A、B、C，A 杆上有若干圆盘，每次移动一块圆盘，大的圆盘不能叠在小圆盘上方，最终把所有圆盘从 A 杆全部移到 C 杆上即意为游戏胜利。——译者注

对于如何实现"最少次数"，尖子生很快就能找到操作办法。而执行力相对不足的群体给出的移动次数已大大超过了"最少次数"。当节目组询问如何将圆盘全部移动到另一竖杆上时，表现差强人意的选手答道："实际动手试了一下，也没想太多，而且我有点着急，就那么糊里糊涂做到了。"尖子生给出的回答则是"刚开始思维有些混乱，但在思考该挪动底下的哪个圆盘时有了思路，于是就这样一步一步做到了"或者是"关键是先制订一个计划，而不是一开始就上手操作"。

测试结束后，研究团队针对在执行力测试中得分较低的学生和普通人，进行了为期两周的训练。在仅仅两周的时间里，他们会有所改变吗？事实上，之前在汉诺塔游戏中表现并不出色的学生，仅仅通过两周的训练，就有了突飞猛进的提高。一名学生在最开始的游戏测试中，成绩在 100 位同学中位列第 99 名，但在进行两周的训练并再次接受测试时，他一跃成为第一名。对于高难度的汉诺塔游戏，这名学生也已经游刃有余，他说："诀窍大概就是，寻找规律并且制订计划。"

## 元认知：区分自己能做到的事和不能做到的事

由此可知，擅长思维整理的人具备的第一个特点就是，具有较强的元认知能力。他们能够清晰地区分自己知道的和不知道的事情，能做到的和不能做到的事情。擅长思维整理的人具备的第二个特点就是，具有高效的执行力。他们在着手做某件事情时，会先判断这件事在自己能力范围之内还是之外，然后基于自己的需求，设定一个可达到的目标，按照自己的方式和节奏去解决问题。如果他们意识到自己能力有限，就会向身边的朋友或同事寻求帮助，借助他人的力量来解决问题。擅长思维整理的人具备的第三个特点就是，**能够全神贯注于正在进行的工作**。参加韩国教育电视台的第一个实验、排名 0.1% 的尖子生最突出的特点就是，注意力非常集中。在书桌前坐上相同的时间，注意力的集中程度不同，学习效率也必定会有显著差异。

那么，如何提升自己的专注力，如何增强自己的元认知能力，如何提高自己的执行力呢？首先，让我们一起看看如何提升专注力。成功人士的日程往往排得满满当当。尤其是企业家每天有无数场会议，有大大小小的工作需要处理。然而，开会时他们就专心开会，谈业务时就专心谈业务。与之相反的是，普通人即使是与人聊天，脑海里也往往充斥着其他零碎的想法。

大多数成功人士都有自己的秘书，会将各种琐事交由秘书处理。而且，他们只思考、只做需要集中精力去做的事情。如果他们在与人谈话过程中需要临时离场，秘书就会前来提醒。在这种情况下，他们可以将全部的注意力放在与人交谈上，而不用一直惦记离场的事情。

在没有秘书的情况下，我们又该怎么做呢？我们需要用一种方法，把所有的事情都提前安排妥当。没有"一日之计"就开启一天的生活是不行的。在新的一天开始前，我们需要熟悉自己的行程安排，从中挑出能够利用的时间。最好是以小时为单位，将每个小时要做的事情写下来。可以的话，提前设置一个手机闹钟提醒自己。如果你上午需要出外勤，那么在开始上午的工作之前，你可以提前设置好闹钟，比如设置在出外勤前 10 分钟。这样一来，你在处理工作时，就可以摒除外勤相关的杂念，全神贯注于手头工作，直到闹钟响起。

实际上，雇用秘书也是一笔不菲的开销。**如果你想自行安排日程，就需要不停地制订并遵守计划，以培养自己的专注力。**事实上，为了使自己专注于某一项工作，许多人会使用"番茄时间管理法"。就像煮意大利面时需要设定烹调时间一样，番茄时间管理法是指用计时器来安排工作节奏，每工作 25 分钟就休息5 分钟。如果你想在公司使用这一方法，就需要在每个 25 分钟里，用耳麦来避免他人分散你的注意力。

第二个问题，怎样才能提高执行力呢？关于这个问题，前文所述的节目就向我们推荐过汉诺塔游戏。而且正如研究结果所示，仅是针对汉诺塔游戏进行训练，就能够有效地提高执行力。通过手机上汉诺塔游戏的 App，我们也能随时随地进行练习。

## 甘特图：进行系统的时间管理

要想在实际工作中提高执行力，你可以尝试将一项工作分割为更小的"行动单元"。我们的大脑是以区块的形式进行记忆的，因为只有这样才能记住更多的内容，但在记忆过程中，更小的行动单元往往会纠缠在一起，令人措手不及。例如，有一场活动要在两个月后举办，将活动筹备工作进行细分，就能制作一张甘特图（见图 1.2）。甘特图由科学管理运动先驱者之一的亨利·L.甘特发明，多用于工业工程管理，也被广泛应用于其他领域。

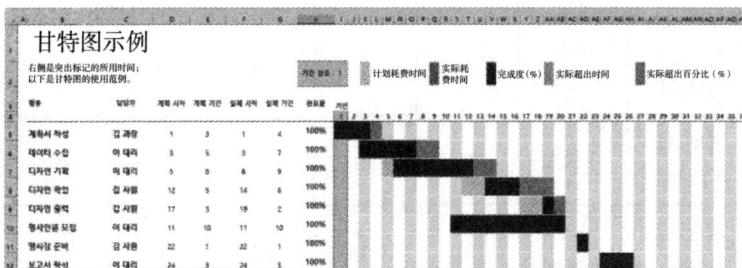

图 1.2 甘特图应用示例

一开始制作甘特图时，会感到有些困难。这时，不要苛求完美，只要将与某项工作相关的所有条目按时间顺序写下来并进行分类即可（见表 1.4）。这就需要根据不同的人、不同的工作制定不同的分类标准，也可以使用现成的分类标准。关键是将工作进行拆分（分解）的能力。

表 1.4　使用 Excel 表格中自带的甘特图功能

| 活动 | 负责人 | 计划开始时间 | 计划耗费时间 | 实际开始时间 | 实际耗费时间 | 完成度 |
|---|---|---|---|---|---|---|
| 撰写企划书 | 金课长 | 1 | 3 | 1 | 4 | 100% |
| 数据收集 | 李代理 | 3 | 5 | 3 | 7 | 100% |
| 制订设计方案 | 李代理 | 5 | 8 | 6 | 9 | 100% |
| 进行设计 | 小金（职员） | 12 | 5 | 14 | 6 | 100% |
| 打印设计效果图 | 小金（职员） | 17 | 3 | 19 | 2 | 100% |
| 募集活动人员 | 李代理 | 11 | 10 | 11 | 10 | 100% |
| 准备活动场地 | 小金（职员） | 22 | 1 | 22 | 1 | 100% |
| 撰写报告书 | 李代理 | 24 | 3 | 24 | 3 | 100% |

　　第三个问题，如何提高我们的元认知能力？前 0.1% 的尖子生能够使用多种方法来检验自己是否已掌握所学知识，其中之一就

是反复查看自己的错题，将原先不懂的问题彻底搞明白。可以看出，他们非常强调复习的重要性。在实际工作中，如果不对自己的工作进行复盘，我们就会反复犯同一种错误。

有这样一位学生，他在学习过程中遇到较难理解的内容时，就会喊来其他人，然后像老师给学生讲课一样，用 1 ~ 2 个小时时间向对方讲解该部分内容。在这个过程中，他既能弄懂原先理解不了的内容，又能加深记忆。实际上，**根据学习效率金字塔，最佳的学习方法就是相互讲解**。另一名学生也是如此，她晚自习时并不像其他人一样独自学习，而是欣然为其他同学讲解他们不懂的问题。这并不耽误学习，反而让她能对自己所掌握的知识点进行查漏补缺。

有一句话深得认知心理学家赞同："世界上有两种知识，一种是我自己知道却无法清晰地进行表述的知识，另一种是不仅自己知道，而且还能对他人表述出来的知识。"

我们都有过这样的经历。聆听他人讲解时自以为已经完全掌握了，自己动手操作时仍然不知所措。在听课过程中，我们经常会有"我懂了""原来这么简单"等想法，但自己真正实践时才发现并没有那么简单。

在工作中，为了对自己能做到的事和不能做到的事进行明确区分，我们需要不断训练自己的认知状态。清晨制订的计划是否能当天全部完成？如果不能全部完成，那么问题出在哪里？我们需要对这两个问题进行复盘，每天反思自己的不足之处。只有这样，我们才能逐渐认清自己擅长的领域和不擅长的领域。当你被安排了某项工作，但不知道自己能否胜任时，你可以尝试按顺序写出接下来要处理的其中三项任务。如果能写出来，基本可以认定你能够胜任这项工作（见图1.3）。

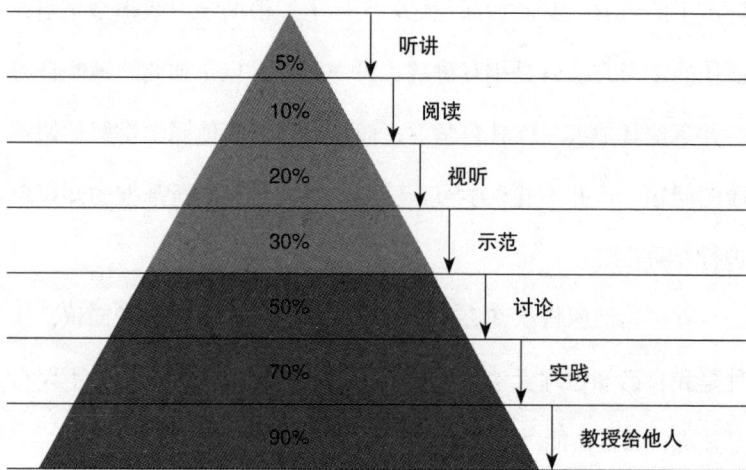

| | |
|---|---|
| 5% | 听讲 |
| 10% | 阅读 |
| 20% | 视听 |
| 30% | 示范 |
| 50% | 讨论 |
| 70% | 实践 |
| 90% | 教授给他人 |

图 1.3　学习金字塔[1]（维持记忆力的方法）

来源：韩国教育电视台"黄金纪录"频道纪录片《我们为什么要上大学》

---

[1]　最早由美国学者爱德加·戴尔于1946年首先发现并提出，它形象地展示了不同的学习方式对于学习者两周后仍能记住的内容多少（平均学习保持率）的影响。——译者注

思维整理能力并不是与生俱来的。前文提到过的金玄哲教授的团队曾进行过一项调查，让参与调查的人们从 16 个选项中选出学习中最重要的 3 项。排名 0.1% 的尖子生选择最多的选项是：第一，不懈努力；第二，目标意识；第三，学习习惯。号称"衡量能力的尺度"的"智商"只位列第九。也就是说，只要我们知道自己能做什么，并且努力提高制订计划的能力（计划力），最终就能成为擅长思维整理的人。

# 心理负担：阻碍执行力的一大因素

## 令人惊讶的《白钟元的小巷餐厅》

最近，我常常收看韩国 SBS 电视台播出的美食综艺节目《白钟元的小巷餐厅》，被节目中主人公的"变形"过程深深吸引。在看这个节目之前，我一直以为白钟元代表[①]"只是"一个学识渊博的人，看了节目才发现，他的素养已经超越了知识层面，他是一位懂得说服他人改变主意的经验丰富的专家，而且是专家中的专家。

让我们回想一下节目中那家引发许多话题的韩式可乐饼店。虽然由于各种状况，节目不得不中止拍摄，但有一个细节值得细细回味，那就是，那家以炸可乐饼和麻花为生的小店非常逼仄，

---

① 韩国企业家，主持人，厨师，作家，The Born Korea 饮食集团的首席执行官。1993年于江南论岘洞开设首间餐厅"元祖包饭"，目前已发展成为 30 多个品牌，在全球有 1300 多家餐厅。——译者注

但卖的食品并不便宜。并且可乐饼和麻花都是现做现炸，会额外耗费许多时间。对此，白钟元给出的解决方案是，缩短食物烹制时间，将价格下调。而且，为了帮助可乐饼店老板锻炼出更快的烹饪速度，白钟元给他布置了大量的任务。

这家可乐饼店的老板每天会炸制 100 ~ 200 个可乐饼和麻花，但白钟元认为，按照这个速度，可乐饼店很难有发展空间。发现食物制作过程耗时太久后，白钟元就问为什么不提前多炸一些作为储备。对此，可乐店老板开始以各种借口搪塞。诸如"店面太小了，就算多揉面也没有多余的地方摆放"，或是"面团醒好会耗费很长的时间"，抑或是"再怎么提升门店形象也没用"。店老板不停地找各种借口，拒绝做出改变，然而，白钟元还是耐心地劝说老板试一试。

这一集为什么会给我留下如此深刻的印象？我正在运营一家主打思维训练的培训公司，也是一名思维导师。一说起思维导师，人们脑海中的印象大概会是"思维敏捷的人"或"只会教授思维整理法的人"。但是，无论整理什么东西，都需要一个舍弃的过程。当前风行的极简主义倡导人们将居家环境整理、布置得干净整洁，而房屋整理专家却一致认为，进行收纳整理之前，首先要做的是"断舍离"。大脑清理也是同样的道理。我们的大脑中存放了太多本应抛弃的"垃圾"，负面情绪就是其中典型的代表。像"我不行"

这种消极想法，就在制约着我们的思维和行动。

我们需要了解一个非常重要的思维模型，那就是全球知名的行为心理学专家、NLP①（神经语言程序学）专家罗伯特·迪尔茨（Robert Dilts）推出的"逻辑层次"（neuro-logical levels）。迪尔茨认为，个体与群体发生改变时，存在着相应的逻辑阶段。

迪尔茨认为，我们的大脑在处理任何事情时，都可以分为以下6个层次：环境层次、行为层次、能力能次、信任与价值层次、身份层次、精神层次。前面3个较低的层次会影响后面3个较高的层次。所处的环境决定着个体的行为方式，而反复发生的行为则决定着个体的能力。另外，**随着能力的提升和行为的不断重复，个体开始对自己产生信任感**。不断加深的信任感则决定着个体的自我认同和身份认同，甚至能够进一步影响更高的层次，也就是服务他人、奉献社会的精神层次（见图1.4）。

从较低层次向较高层次过渡时，需要较长的时间。我们将其原因归结为"影响力不足"。然而，较高层次却能够驱动和支配较低层次。

---

① NLP是神经语言程序学（Neuro-Linguistic Programming）的英文缩写。N（Neuro）指的是神经系统，包括大脑和思维过程。L（Linguistic）是指语言，更准确地说，是指从感觉信号的输入到构成意思的过程。P（Programming）是指为产生某种后果而要执行的一套具体指令。即指我们思维上及行为上的习惯，就如同电脑中的程序，可以透过更新软件而改变。故此，NLP被解释为研究我们大脑如何工作的学问。

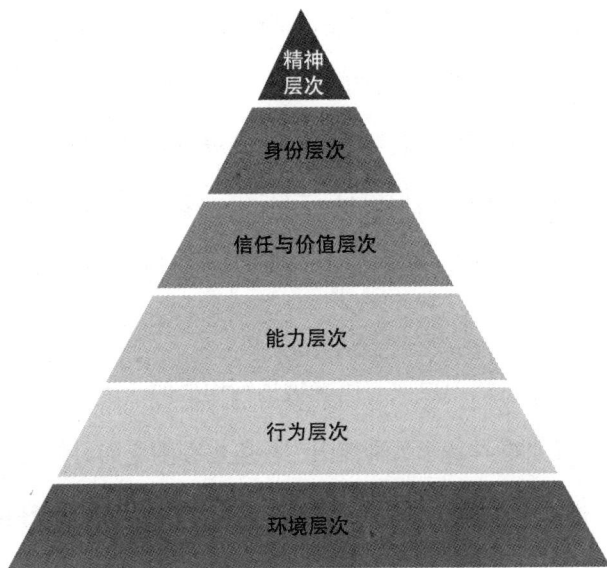

图 1.4  罗伯特·迪尔茨逻辑层次一览

举一个简单的例子。假设你是一名学生，明天有一场重要的考试，你现在需要认真复习。但是，当你走进房间准备学习时，你发现房间非常脏乱。这时，你想先从哪件事做起呢？大多数情况下，你会选择先打扫卫生。让我们继续假设你用两个小时认真打扫了一下房间，终于坐在了书桌前。这样一来，你就能认真学习了吗？对大部分人来说并不是。因为，对于真的想学习的人来说，房间干净与否并不重要，只要坐在书桌前就足够了。

让我们再回到前面提到的综艺节目《白钟元的小巷餐厅》。

白钟元熟谙劝说之道，尽管我不清楚白钟元究竟是通过自主学习，还是通过人生阅历掌握这种能力的。不过，既然白钟元拥有如此丰富的人生阅历，懂得这些自然是水到渠成。你能分辨出可乐饼店老板正处于哪个逻辑层次吗？可乐饼店老板处于最低的环境层次，也就是认定 A 必须维持 A 的样子，B 必须维持 B 的样子，A 与 B 绝对不能发生任何改变。

白钟元是从能力层次与店老板进行沟通的。也就是说，只要通过训练使自己具备了某种能力，环境也会随着能力的变化而发生改变。然而实际上，使他人的信任、价值层次发生改变谈何容易，甚至改变自己的信任和价值层次也难如登天。

## 令辣炒鸡汤店家的儿子回心转意

在这个综艺节目中，出现了一个白钟元成功改变他人的信任与价值层次的案例。想必喜欢这部综艺的人一定还记得那家"辣炒鸡汤店"。相信当时坐在屏幕前的你一定也在心中暗暗焦急，想知道白钟元是否能成功地让主人公发生改变。虽然这家辣炒鸡汤店归儿子所有，但日常营业几乎全由他母亲一人打理。儿子口口声声说在帮忙，但实际表现截然相反。

与可乐饼店不同，辣炒鸡汤店的食物本身并不存在很大的问题，要想改变小店的整体环境，只需要在行为层次做出改变就足够了。然而，儿子的厨艺却令人头痛不已——他竟然什么也不懂，什么也不会。于是，白钟元劝说主人公多多练习厨艺，为了哪怕将来没有母亲坐镇也能独自将小店经营下去。儿子满口答应，表示自己会努力练习，而大家对他的话也给予了充分的信任。

然而，儿子并没有遵守自己的承诺。他虽然信誓旦旦会努力提高厨艺，但实际的练习力度远远不够。无论白钟元如何催促，主人公仍然我行我素。看来，问题并不是出在厨艺上。与可乐饼店不同，辣炒鸡汤店的菜品对于厨艺的要求其实并不高，只要有菜谱，谁都能烹饪出来。

训练厨艺（能力层次）带来的改变十分有限，还是应该从更高的逻辑层次入手解决问题。

在逻辑层次一览图中，身份层次和信任、价值层次凌驾于能力层次之上。在录制过程中，辣炒鸡汤店家的儿子有时也会对自己是否要继续当前的工作感到苦恼。想到自己年纪轻轻却在小餐馆打工，他多少有些不甘。而且，他不确定自己是否真的愿意这份工作，十分迷茫。

找到了问题的关键后，白钟元建议主人公认真考虑自己是否要继续做这份工作。那么，接下来发生了什么呢？主人公开始认真思考"我是谁""我应当做什么"等问题，经过深思熟虑后，他终于下定决心，从价值层次上改变自己。这之后，他的行为真的发生了变化。天还未亮他就早早来到店内准备食材，并且遵照之前做出的承诺，努力地练习厨艺。所有人都能从他的神态中感受到他的改变。为防止他半途而废，白钟元甚至让他写下保证书——如果自己再像从前那样吊儿郎当，就要赔偿由此造成的经济损失。

从辣炒鸡汤店家的儿子的案例中，我们可以发现，在身份层次和信任、价值层次做出改变是相当困难的，这需要足够长的时间或足够强的刺激。而且，即使改变已经是可感知的，最终仍然有可能回到原点。

所幸，在观众的关心、节目录制和播出的压力以及大家的信任等因素的综合作用下，辣炒鸡汤店家的儿子在较短时间内成功完成了自身转变。

其实，跟节目中的炸可乐饼店老板和辣炒鸡汤店家的儿子相似的人，在我们身边经常能见到。他们还没有认真练习就一口咬定自己做不到，即使已经具备某种能力，也认为那不是自己想做的事，而在行动上一直很被动。其实，这个问题在职场和学校屡见不鲜。

那么，怎么才能彻底解决这类问题呢？归根结底，我们还是应当从大脑清理法中寻找答案。如果想在行为层次、能力层次、信任与价值层次、身份层次做出改变，首先应当了解自己。要对自己的思维进行整理，明白自己想要什么，然后列出为了这一目标自己能够立即采取的行动，并将它们做成一个清单。要知道，人的思想具有无穷的力量。

# 负面想法怎么办？垃圾大扫除！

## 跑出来捣乱的内心"小恶魔"

在日常生活中，我们经常听到有人说"不行"两个字。观察一下身边的人，你会发现，无意识地说出"这样做不行""这件事不可能做到"或"这不是我能做到的事"的人比你想象得多。我自己在心力交瘁或处境动荡时，最先说出的话也是负面的、消极的。

在我开办独资企业、成为自我启发导师后，大多数情况下，我需要独自一人完成所有的工作。如果不工作，就不会产生任何收益，因此，自由职业者经常不分昼夜地工作，也不分工作日与周末，工作的负担时刻压在肩上。每次都下定决心要努力工作，转身却想舒服地躺平，什么工作也不做。每当这时，负面想法总是接连不断地浮上心头。而且，负面情绪紧跟着负面想法出现，最终会使人陷入疲软无力的恶性循环。

我们所感知的负面情绪，真的是基于事实的吗？想象一下自己在一个静谧的周末午后，远离人群，来到一处湖边度假。你乘上一叶轻舟，遥望夕阳驶去。正当你沉浸于惬意而幸福的时光时，身后突然"轰"的一声，你乘坐的小船与什么东西相撞了。这时，你会有怎样的想法呢？大部分人在转身查看情况时，肯定火冒三丈——我正在船上看风景，结果却遇到了意外，真是扫兴。

你回头看时却发现，什么也没有发生。直到低头时才明白过来，原来是一截漂浮在水面的粗大树枝撞到了你的小船。你讪讪地笑了笑，原来是虚惊一场。于是你继续享受幸福而安宁的假日，俨然忘记了刚才的不快。

**既然如此，你事发当时为什么会非常恼火呢？因为当你听到突如其来的巨响时，最先想到的是有人故意或不小心妨碍了你的幸福时光。然而，那只是你自己的想象罢了，因为没有人妨碍你，更没有人故意来找碴。**

接下来我要讲述的是我的个人经历。那是一个周末的上午，由于要做的工作太多，从早晨开始我就一直埋首于书堆，处理工作。一直到上午10点，突然传来吵闹的施工声。我所在的公寓里还有其他住户，这样的情况当然在所难免。但是，周末上午大家都在睡懒觉，选择在这时候施工总归有些不妥……我按下心头不快，只想尽快结束手头的工作。然而，施工的噪声越来越大，两个小时过后仍然没有要停止的意思。我心中的怒火越烧越旺——这简直太过分了！

最后，我用室内对讲机联系了保安室，没好气地质问为什么周末还这么大声施工。然而，对方的答复让我积压已久的愤怒情绪瞬间消失得无影无踪。在我之前已有多位住户联系过保安室，原来是住在 4 楼的一位户主家里水管爆裂，正在紧急施工抢修。就这样，我的愤怒最终转为了愧疚。

由此可见，我的负面情绪其实来自我单方面的"以为"——我以为有人在故意妨碍我的工作。

**为了整理自己的内心，我们首先应该学会支配自己的情绪。**如果我们心情还不错，就愿意做任何事情；如果我们情绪不好，就什么也不想做。请你仔细思考一下，你现在的情绪是不是因为你主观臆造的事由而生的。在许多情况下，我们一时间会愤然至极，然而事后回头去看，其实什么事情也没发生，不由得为自己当时的怒火感到尴尬。那么，我们如何才能支配自己的情绪呢？

**当你什么工作都不愿做，情绪低落，想法消极时，首先要做的是站起身到户外走一走，伸个懒腰，活动一下肩膀。然后，抬头望向湛蓝的天空，深吸一口气。你会发现，仅是肢体动作的改变就能让人的心情变得舒畅起来。**让我们想一想，深陷负面情绪的人都是什么状态。他们走路时往往目光盯着地面，肩膀下垂，身体松松垮垮，了无生气。也就是说，如果我们的身体摆出消极的姿态，大脑的想法也会自然而然地走向消极。

我没有抽烟的习惯，但在办公室工作时，经常喊抽烟的同事一起出去抽烟。这是因为，当我走上楼顶，看到头顶广阔的天空时，我就能更好地支配自己的情绪。如果在工作过程中感到压力过大，我们即使不到户外走一走，换一个身体姿势也是不错的。肢体动作改变的一刹那，你的心情也会发生天翻地覆的变化。

然而，就情绪管理而言，改变身体姿势、改变所处环境都只能取得一时的效果。因为环境与肢体动作的改变较为容易，因此坚持不了多久，很快又会陷入最开始的负面情绪之中。**要想从根本上进行情绪管理，需要换一个角度看待自己当前所在的情况。**

有一个男人因暴力、盗窃、非法下药等罪名被送进了监狱。由于涉及多项罪名，他一辈子都要背负犯人的身份而活。男人有两个儿子，他的两个孩子长大后分别过上了怎样的生活呢？一个孩子和他的父亲一样，成了坏事做尽的恶棍。另一个孩子却恰恰相反，他从一所不错的学校毕业，找了一份不错的工作，并且组建了一个幸福美满的家庭。有人问这两个孩子，是如何拥有现在的人生的。两个孩子的回答一模一样："我是目睹着父亲的所作所为长大的，因而理所当然地过上了现在的人生。"

面对同一件事，我们可以从不同的角度进行思考。在职场中，顶头上司对我们的工作做出反馈时，有人觉得那是毫无用处的废话，也有人觉得它对自己有帮助。有意识地将情况进行正向解读会有所助益，但是，如果一味地压制负面情绪，也会导致情绪问题的爆发。在看待某个问题时，如果负面情绪占据了上风而且你已经觉察到负面情绪，请找一个地方坐下，问问自己，为什么此刻会有负面情绪。大多数情况下，我们的负面情绪来自对于实际并未发生或并不存在的情况的无端想象。面对意外情况时，不要一味扼制负面情绪，而是要对当前情况做出客观的判断。这种情况是否值得我为之动怒，情绪低落或沮丧是否有其根本缘由，请你一一寻找答案。当你发现答案皆为否定时，你会重新找回内心的安定。

如果你很难客观地看待眼前的状况，那么请你想一想，同样的情况发生在其他人身上时，会有怎样不同的结果。为什么你自己的想法如此难以改变呢？这是因为，你会对相同情况下的经历一概赋予相同的意义。

情况 A 衍生的结果可能是 B，也可能是 C 或 D。然而，在你的思维定式中，情况 A 的结果无论如何只有 B。在其他人看来，结果 C 或 D 的发生也未尝不可能，如果你能和这些人聊一聊，就会充分地认识到这一点，也就是同一情况可以导向多种结果。这样一来，你在进行情绪管理时，就能更加轻松一些。

# 处理负面情绪的5种方法

要想进行情绪管理，需要不断努力培养一颗强大的内心。接下来，我将介绍5种方法，有助于你走出负面情绪，提升幸福感。

第一，写日记。通过日记来审视自己，有助于我们进行情绪管理。这是因为，我们可以从中获得看待自己人生的新视角。关于写日记，美国密苏里州立大学的心理学教授劳拉·金（Laura King）进行过一项课题研究，受试者被要求就未来的期望与梦想写一份"最棒的自画像"。具体内容为，在假设自己的方方面面都十分顺利，期望的目标也都一一实现的情况下，受试者要在4天的时间里，每天拿出20分钟时间，写一写自己的未来会如何。课题结束后，受试者的幸福感不仅较从前得到了提升，而且这种效果持续了长达几周时间。写日记的工具并不重要，记事本或者电子产品都可以。

第二，学会感恩。向他人表示感谢，或是对自己说一声"谢谢"，就能驱散负面情绪和不安感，提升幸福感。被尊为积极心理学教父的马丁·塞里格曼（Martin Seligman）指出，写下自己的感恩之情及其理由，就可以让感恩之情维持得更久。当负面情绪开始露头时，我们可以有意回想一些令自己感恩的时刻或人。也可以在每天早晨有意识地写一写感恩日记，这样做可以使你一整天都在幸福状态中度过。

第三，运动。保持规律的运动能够有效化解我们的紧张、焦虑、抑郁等负面情绪。牛津大学的麦克·阿盖尔（Michael Argyle）教授认为，运动能够在诸多方面提升我们的幸福感。与声称因为"太累了"或"太忙了"而没有时间运动的人相比，坚持运动的人往往活力四射，拥有更加坚定的自信心和更加充盈的幸福感。一项以长跑运动员为对象进行的研究表明，"跑者兴奋"（runner's high）①是确实存在的。德国慕尼黑工业大学的海宁·波克尔（Henning Boecker）博士以长跑运动员为研究对象，对他们在长跑训练前后的心理、情绪状态进行测试，并对他们的脑部进行断层扫描，捕捉并观察在跑步过程中大脑内部的化学物质变化。研究发现，越是自称享受跑步过程的运动员，其大脑分泌的内啡肽②越多。我们不需要强迫自己做不喜欢的运动，选择适合自己的、能够乐在其中的运动就可以。让我们行动起来，寻找一项自己能够坚持的户外运动吧。

第四，回忆幸福的时刻。当我们陷入负面情绪时，可以通过唤起幸福的回忆来平复心情。一下子就唤醒幸福的记忆并不容易。

---

① 跑者兴奋指的是在长时间持续、有节奏的运动后所体验到的强烈的愉悦感，视个人情况而定，有可能还会伴随疼痛与压力的减轻。通常发生在开始运动30分钟~1小时后。——译者注

② 人体体内分泌的一种激素物质，具有止痛效果，能够使人的身心处于轻松愉悦的状态。——译者注

因此，我们不如选定一个专属于自己的"幸福物品"。我们为什么会在旅行时购买纪念品？是为了把在当地体验到的幸福感保存下来。这样一来，幸福的时光会继续留存在我的记忆中，当我看到这个物品时，就会再次进入那种幸福感中。如果是能够长久保存的物品，效果会更佳，如照片、书籍。当然了，也可以是仅对自己来说有着特殊意义的物品。如果将"幸福物品"随身带在钱包里，那么每当你打开钱包看到"幸福物品"时，就能再次回味当时的幸福。

第五，尝试冥想。许多成功人士都极力推崇冥想。北卡罗来纳州立大学的心理学教授芭芭拉·弗雷德里克森（Barbara Fredrickson）对每天进行 20 分钟冥想的影响进行了一项研究。在 8 周时间内每天坚持冥想的受试者在幸福、健康、人际关系质量、共情能力、自我修复能力等方面均发生了较大的变化。我们在第一次尝试冥想时，连 2 分钟都很难坚持。因此一开始时，最好在他人的帮助和指导下进行，这样能较快地适应。我们可以在网上搜一些冥想训练的视频，或是下载关于冥想的 App 进行体验。冥想有多种类型，我们可以选择任何类型进行练习，重要的是冥想这种行为本身。让我们尝试寻找适合自己的冥想类型，然后坚持练习吧。

# 心灵地图：寻找真正的自我

## 是什么令你决策时惶惶不安

我在前面讲过，要想整理自己的内心，就要学会管理自己的负面情绪。然而，每每负面情绪席卷而来，我们却束手无策。现在，让我们试着找一种更加彻底的解决办法。**内心整理的第二种方法就是设立人生目标，确立人生方向。**一旦确定了大致的目标，我们接下来做决策时，就不必每次都犹豫不决。也就是说，**我们需要确立一套自己的行为准则。**

那么，怎样才能绘制出一张心灵地图呢？首先，我们要找到自己的价值倾向。每个人的价值倾向都有所不同。比起个人幸福，有的人将家庭幸福置于首位，并能从中获得更多的满足感；比起安稳度日，有的人更向往充满激情与挑战的人生——而向往安逸生活的人则对此难以理解。如果无法掌握自己的价值倾向，在做决策时，就会心烦意乱、不知所措。那么，如何才能找到自己的价值倾向呢？

首先，我们来了解一下何谓价值。当你赋予某物或某事以价值时，意味着你重视它。而最终，我们所看重的一切都可以被称为"价值"。当然，本书更加侧重于你在人生中最看重的是什么。

价值可以分为两种，即目的价值（ends values）和工具价值（means values）。然而，我们常常分不清这两种价值，以至于根本不清楚自己想要的是什么。也就是说，我们生活在这世上，却不知道自己真正热爱的是什么。

如果有人问你"最看重的事物是什么"时，你的回答是"爱，家庭，金钱"，那么在三者中，哪些属于目的价值，哪些属于工具价值？属于目的价值的只有"爱"。也就是说，爱是我们所追求的最终归宿。家庭和金钱为什么是工具价值呢？这是因为，如果继续问你"家庭能够为你带来什么"时，你的答案可能会是"爱，安全感，幸福"。也就是说，对你来说，最有价值的事物就是爱、安全感和幸福。金钱也是一样。金钱能够带来自由、影响力、帮助他人的能力、安全感等。换句话说，当你想做某件事时，工具价值会成为你手中的"工具"。

有人认为，最重要的价值在于为他人着想、为他人服务。他目睹了一位律师是如何为社会发展做出贡献，又是如何通过自己的职业帮助他人，并因此受到触动的。为此，他付出了许多努力，也成了一名律师。他积极地为人们进行辩护，逐渐成长，成了一家大型律师事务所的合伙人；又过了一段时间，他坐上了事务所掌舵人的位置。在别人眼中，他是成功人士、人生赢家，但是他本人却十分抑郁。由于升到了更高的职位，他直接见到委托人的机会减少，却需要花费大量的时间来管理公司和团体的事务，解决各种问题。工作变动后，他无法继续实现自己所追求的价值。虽然事业很成功，但他十分抑郁。要想确立人生的方向，我们首先要知道自己想成为什么样的人，想以怎样的面貌生活，想实现怎样的价值。接下来，请在下面这张表格中填写在你的人生中最重要的 10 种价值（见表 1.5）。

表 1.5　人生中最重要的 10 种价值

| 人生中最重要的 10 种价值 |
| --- |
| 1. |
| 2. |
| 3. |
| 4. |
| 5. |
| 6. |
| 7. |
| 8. |
| 9. |
| 10. |

实际写起来可能并没有想象得那么容易。没关系，不必苛求一次性写完整。你要静下心来想一想，自己真正想要的是什么。比起工具价值，如果能找到目标价值并将其写下来显然会更好。我们的价值倾向会随情况变化而变化，也会随主观意志的变化而改变。因此，一定要认真细致地思考。

整理好自己的价值倾向后，我们就能够掌握人生的大致方向。将价值作为人生的导向，相当于从踏上征途开始，我们就拥有了导航系统。这是因为，**整理内心始于对自己要做的事和自己想做的事进行透彻了解**。接下来，我们需要就人生中最重要的 7 个维度分别写下相应的目标。而在这之前，请先阅读并思考以下几点注意事项。

1. 内心整理的基本原则之一是，不要任由想法在脑海中盘桓，而要将它逐字写下来

想必读者都听说过，许多成功人士会将写有目标的便笺放进钱包里，随身携带。比起我们心中的信念，小小的便笺能够发挥更强大的力量。

2. "这在现实生活中绝不可能"，请把这样的想法暂时搁置一边

想象一下，你此时正在玩游戏。你想拥有的能力，你所需的一切，在游戏世界里都能实现。在这种情况下，请认真想一下

你真正想要什么？此时，请不要再考虑现实情况，也不要认为不可能，认为未来不会发生任何变化。**在做出判断时，不要拘泥于现在所掌握的技能、他人的目光、可行性等。**而且，写下目标并不意味着你必须无条件实现那个目标。也不要为未来的不确定性而忧虑，迟迟不敢动笔。

### 3. 敢于去想，大胆去想

为了增加成功的砝码，你打算怎么做呢？为了实现更大的梦想，你要敢于冒险。如果你曾经认为某些事不可能实现而选择了放弃，也将它们写下来，不要有心理负担。有什么梦想是在脑海中刚刚浮现就令你心动不已的？如果目标与梦想不够远大，你最终的收获也不过尔尔。歌德说过这样一句话："不要怀有渺小的梦想，它们无法打动人心。"

### 4. 乐观积极地思考

在设立目标的过程中你会发现，你总是会过分关注负面情况。其实，更好的做法是将注意力更多地转移到正面情况上。假设一位体重90公斤的男士想减重到80公斤，比起"我一定要减掉10公斤"的决心，倒不如乐观地认为"我迟早会减重到80公斤"。**在职场中遇到问题时，与其说"我一定要解决职场难题"，不如说"我一定会拥有幸福的职场生活"。**后者更有助于保持积极向上的心态。

5. 勿受他人影响，设定专属于自己的目标

我们在动笔写下目标时，经常会遇到这种情况：写下的并不是自己真正想做的事情，而是必须要做的事情。此时，我们要将家人、朋友、同事或者世俗观念强加于我们的标准暂时忘掉。根据在之前环节中确定的、自己真正想要实现的价值来设定目标，这才是最重要的。

现在，让我们谨记以上注意事项，在人生最重要的七个方面分别写下自己的目标。分门别类地写下目标，有助于我们更清晰地思考自己真正想要什么。

需要说明的是，写下目标并不意味着万事大吉。

首先，我们要根据自己的想法在空白处写下目标。

其次，在写下目标时，不要忘记注意事项。

最后，我们会留出时间根据现实情况对目标进行调整，因此，一开始要先排除杂念，大胆地写下自己最真实的想法。如果暂时没有想法，可以看看每一项中的"导问"部分再进行思考。

经济方面（FI, financial）

导问：未来 5 年间期望赚到多少钱？10 年后期望在什么地方居住和生活？有心仪的、想要购入的私家车吗？有负债吗？

| 1. | 4. |
|---|---|
| 2. | 5. |
| 3. | 6. |

身体健康方面（PH, physical）

导问：理想的体重是多少？有兴趣跑全程马拉松或提升身体柔韧性吗？想增强体力吗？喜欢修饰自己的外表吗？要不要挑战一下每天早起？

| 1. | 4. |
|---|---|
| 2. | 5. |
| 3. | 6. |

自我启发（PD, personal development）

导问：要不要试试每天拿出 30 分钟时间来读书？想不想攻读一个新的学位或是学习一门新技能？你可以尝试学习一门新的外语或考取专业领域的资格证书。

| | |
|---|---|
| 1. | 4. |
| 2. | 5. |
| 3. | 6. |

家庭（FA, family）

导问：要不要多花一些时间陪伴家人？你可以和家人一起旅行，如果你有孩子，也可以和孩子一起尝试一下户外活动。和父母一起看电影也会是一件非常有意义的事情。如果父母住的地方比较远，可以定个目标，比如一个月至少去看望他们一次。

| | |
|---|---|
| 1. | 4. |
| 2. | 5. |
| 3. | 6. |

心灵（SP, spiritual）

导问：你学习过宗教信仰相关的知识吗？可以打听一下有没有合适的志愿者活动。也可以阅读相关书籍，学习一下哲学等人文方面的知识。

| 1. | 4. |
|----|----|
| 2. | 5. |
| 3. | 6. |

人际关系（SO, social）

导问：有没有给身边亲近的人送过礼物？可以和好朋友一起探讨尝试定期见面，增进感情。可以结交新朋友，或参加从没去过的聚会。适时清理和剔除不重要的人际关系。你也可以思考一下他人心目中你的形象。

| 1. | 4. |
|----|----|
| 2. | 5. |
| 3. | 6. |

职业生涯（BC, business and career）

导问：思考上述 6 个维度时，你有没有想过自己想做什么工作？有想参与的项目吗？有想要创立的品牌吗？在现在供职的公司里，你想取得什么样的业绩？有想从事一辈子的工作，想成为的榜样吗？

| | |
|---|---|
| 1. | 4. |
| 2. | 5. |
| 3. | 6. |

至此，你一共从 7 个维度思考过自己想要什么。如果你还无法动笔填写，也没关系，等以后有了更充裕的时间再填写。

现在，让我们进行下一环节。从上述 42 个目标（一共 7 个维度，每个维度 6 个目标）中选出最重要的 10 个目标（见表 1.6）。在罗列目标时，注意标明每个目标属于上述哪个维度（FI, PH, PD, FA, SP, SO, BC）。定好目标以后，也要顺便设想一下实现目标的期限。

表 1.6　10 个最重要的目标

| 所属方面 | 目标 | 完成期限 |
|---|---|---|
| | | |
| | | |
| | | |

续表

| 所属方面 | 目标 | 完成期限 |
|---|---|---|
|  |  |  |
|  |  |  |
|  |  |  |
|  |  |  |
|  |  |  |
|  |  |  |
|  |  |  |

很好，现在还剩最后两个环节。我们将按照合适的标准对其进行修正。我们刚才填写目标时是不受任何制约的，但为了更易于实现它们，我们要按照以下 5 个标准对它们进行修改。

## 目标设定之 SMART 原则

S: specific（**具体的**）——为什么要将目标定得具体一些呢？因为更具体、更详细的目标具有更强的约束力和驱动力。所以，我们要将目标修改成别人一眼就能看明白的样子，例如：

学英语→托业（TOEIC）考到 900 分

M: measurable（可衡量的）——目标应该能够通过其他手段进行衡量。这样，我们才能对正在进行的事项进行周期性检查，不断督促自己为了目标而努力坚持。另外，可衡量的目标可以被细分成更小的目标，完成一个个小目标的成就感也会让我们不轻言放弃。例如：

减肥→减重 10 公斤，体脂率降到 13%

瘦身→增强体力，能做到 1 小时内跑完 10 公里

A: attainable（可达到的）——看着自己写下的目标，你或许会产生这样的疑问："这些目标我真的都能实现吗？"现在是时候将这些目标修正为我们真正能实现的目标了。较高的目标能够激励我们不断前进，但如果目标过高、不切实际，反而会挫伤我们的士气。将这 10 个目标一一实现后，又会出现新的目标，然后我们会进入下一个环节。让我们将最终目标修改成为半年至一年以内能够实现的目标吧。这个并不意味着更换目标，而是对过大的目标进行分解；对过于轻松的目标进行重新思考——思考其本身的意义。

R: relevant（与我相关的）——我们要静下心思考两个问题：我们设定的目标是否与自己的价值倾向相一致，是否与我们的人

生目标和愿景相符合。如果目标与真正的期望不相称，我们极有可能会半途而废。

**T: time sensetive（有时限的）**——想必我们都有所体会：在进行课题研究或提交报告时，越是临近最终截止日期，我们的注意力越能高度集中。其实，当截止日期不是由他人限定，而是由自己设定时，也会产生相似的效果。因此，根据每个目标的实际情况，不要将期限设置得过于宽松。你也可以暂时先将所有目标的截止日期设定为半年后或一年后，然后按照优先顺序对它们进行排列，再逐一思索每个目标的确切期限（见表 1.7）。

表 1.7　修正后的 10 个目标

| 所属方面 | 目标 | 完成期限 |
|---|---|---|
|  |  |  |
|  |  |  |
|  |  |  |
|  |  |  |
|  |  |  |
|  |  |  |
|  |  |  |

续表

| 所属方面 | 目标 | 完成期限 |
|---|---|---|
|  |  |  |
|  |  |  |
|  |  |  |

现在，我们按照自己的期望对目标进行了修正。我们在决策时有了确切的标准。仅是完成这一点，我们就已经做了大量的工作。填完之前的表格，大概就已经花掉了半天的时间。接下来到了最后一步。我们需要检验一下，我们是否能够平衡好自己想要得到的事物和自己期望的人生。

## 人生之轮

在下面这张形似车轮的图像上，请你在各个维度上给自己选定目标的完成度打分，然后将每个分数用线连接起来。一个人的人生之轮越接近圆形，说明他的人生各个维度的发展越均衡。如果一个人的人生之轮棱角比较尖锐，那么他的人生发展可能已经失衡。有些人住豪宅、开豪车，但却感受不到丝毫的乐趣，也没有知心朋友，这说明他的人生之轮就是失衡的。

人生之轮越接近圆形，说明我们对生活的满足度越高，也更有可能感到幸福（见图 1.5）。

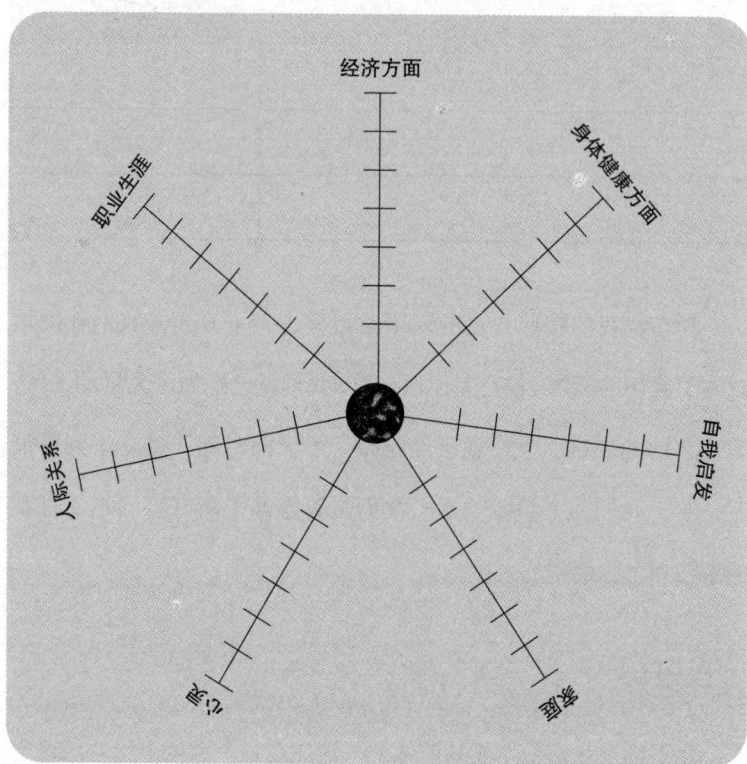

图 1.5　人生之轮

　　有一位参加过我的课程的职场人士曾说起自己的苦恼：他想从现在的公司辞职，找一份新的工作，但一直未能将这个想法付诸实践。

　　在他绘制的人生之轮里，家庭所占的比重较其他方面更大。

因此，比起将未来陷于不确定之中的冒险，他认为与家人一起幸福、安稳地生活更加重要。想到此处，他明白了自己应当做出什么选择，于是摒弃杂念，更加投入到当前所从事的工作中。

**最终，对内心进行的整理会成为我们一切行为的起点。**在我们奔流向前的人生里，要想提高工作效率、体会成功的喜悦、逐一实现自己的目标，内心整理必不可少。其实，能够认真地审视自己绝非易事，但它是如此重要，以至于我真诚地希望你可以投入一些时间，仔细地审视自己、了解自己。

# 讲不清楚 = 尚未理解

## 老鼠可以重于大象

有时，我们在职场上会遇到这样的情况：一直坐着开会，似乎并没有什么收获。因为大家的讨论不够精练，翻来覆去总是那些话。然而，当拥有逻辑思维的人开始主导会议流程时，我们一下子就能抓住要点。假设我们将在会议中讨论这个问题：老鼠，狗，大象，哪一种动物体重最重呢？一般而言，人们给出的答案是："当然是大象了！"没错，大象最重，但是如果有人说"老鼠比大象重"，那又是怎么回事呢？

从常识的角度来看，这种观点百分之百是错误的。然而，如果换一个角度思考问题，老鼠确实可以比大象重。我们之所以认为大象更重，是因为我们将一只老鼠和一头大象做比较。如果把存在于地球上的所有老鼠、所有狗以及所有大象各自的体重总和进行比较，"老鼠比大象重"就是正确答案。狗和大象的数量远不及老鼠，更何况大象濒临灭绝，数量很少。

如果像这样将论点和论据联系起来看，那么看似荒谬的观点，也会变得可以理解。也就是说，**逻辑思维并不在于辨别真伪，而在于针对自己的观点给出恰当的论据，从而说服对方。**

## 拥有逻辑思维的人的特征

具备逻辑思维的人都有什么特征呢？

第一，他们在与他人交谈或参加会议时，会先确认自己和对方的基本前提是一致的。在与他人交流时，我们容易产生一种错觉：我知道的东西对方也一定知道。然而实际上，当我们积极、努力地与对方交流时才发现，原来双方的基本前提并不相同。因此，**具备逻辑思维的人会在交流过程中不时地提出问题，以确认对方的想法是否与自己一致。**

第二，围绕假设进行思考。他们在思考问题时，不会代入自己的主观情感，而是在明确定义当前情况后，再就未来走向进行假设，并据此制订计划、付诸行动。我们在查阅资料或步入下一阶段时，如果发现自己的假设存在不足，可以根据新的证据对假设进行修正，同时调整下一阶段的计划，解决出现的问题，然后更有效地行动，以达成最终目标。

第三，为增进对方的理解，他们会从对方的立场和角度出发进行说明，从而达到说服对方的目的。爱因斯坦曾说过："如果你的解释不能让一个六岁的孩子明白，说明你自己还没有理解。"这句名言体现出了站在听众的立场进行说明的能力非常重要。无论是多么重要的谈话或沟通，如果你不能让对方理解你要表达的意思，那只不过是在浪费时间。因此，具有逻辑思维的人会在进行说明时，用对方能够理解的语言，站在对方的立场进行说明。如果你撰写的报告书中堆砌了大量的专业术语，阅读或倾听你报告的人就难以理解报告中的内容，在这种情况下，你辛辛苦苦撰写的报告就很难被认为是优秀的。

# 善用六种思维整理工具

## 哪类员工更能快乐、持久地工作

思维是一种无法用眼睛看到的大脑活动。因此，为了更好地进行思维整理，我们要将思维变得可以被看见。为了达到这个目的，我们需要使用"工具"。"工具"一词在《标准国语大辞典》[①]中有如下解释："进行某事或某项工作时使用的器具总称"以及"为了达到某种目的而使用的方法或手段"。那么，为了实现思维可视化，我们需要用到什么工具呢？

能够为人类所使用的方法多种多样，但是，迄今为止最常用的工具是笔。在公元前4000年左右，古代埃及出现了将芦苇茎中填满用以书写的墨水的"芦苇笔"，这是人类最早使用的笔。最初用作思维可视化工具的也是笔，不过随着时代的发展，工具的

---

① "工具"一词在韩国语中写作"도구"。《标准国语大辞典》又写作《標準國語大辭典》，由韩国最权威的韩国语研究机构国立国语院（국립국어원）编纂。——译者注

种类逐渐丰富起来。如今，许多人在写作时倾向于使用电脑和键盘，它们大大提高了写作效率。随着科技的发展和时间的推移，思维可视化工具也不断推陈出新，且效果显著。

那么，思维整理工具包括哪些种类呢？如果将思维可视化工具比作"硬件"，思维整理工具就可以称为"软件"。此前，为了进行内心整理，我们曾写下过自己的人生目标，这个过程本身就是一种"工具"。此外，所有"思维框架"也都是进行思维整理的工具。日本创意学会认为，世界上存在 400 多种思维框架和思维方法。

最近，智能工具开始兴起。智能工具是充分利用多种 App，高效地进行思维整理或资料整理的一种方式。然而，比起新兴的 App 或方法，大部分人倾向于使用过去惯用的 App 或方法。

对此，美国宾夕法尼亚大学沃顿商学院的组织心理学教授亚当·格兰特（Adam Grant）在其著作《离经叛道——不按常理出牌的人如何改变世界》中，对经济学家麦克尔·豪斯曼（Michael Houseman）开展的一项研究进行了介绍。豪斯曼搜集了 3 万名负责接听客户咨询电话的客服人员的资料并对其进行了调查。豪斯曼预想的是，有过多次跳槽经历的员工会更快地从当前的公司辞职，然而事实并非如此。实际上，调查结果显示，比起 5 年来一直待在同一家公司的员工，过去 5 年间有过 5 次跳槽经历的员工的辞职率更低。

在豪斯曼所掌握的各种信息中，有一项是员工在工作时会使用何种浏览器。于是，豪斯曼突发奇想——员工使用的浏览器与辞职之间是否存在某种关联。为此，他再次进行了调查。不过，豪斯曼对此进行的假设仍是否定的：使用何种浏览器只是员工的个人倾向，应当与辞职毫无关联。然而，调查结果显示，使用Firefox或chrome浏览器的员工的在岗时间比使用IE或Safari浏览器的员工多出15%。

豪斯曼认为，这种结果可能只是偶然的。为此，他继续调查了员工的缺勤情况和使用何种浏览器之间的关联。调查结果仍旧显示，使用Firefox或chrome浏览器的员工的缺勤率比使用IE或Safari浏览器的员工低19%。那么，他们的绩效评估情况如何呢？豪斯曼与研究团队收集了共300万余项资料并对其进行了分析，资料涵盖员工的销售业绩、客户满意度、平均持续通话时间等诸多方面。与先前的结果一样，员工的绩效情况也与使用何种浏览器有关。使用Firefox或chrome浏览器的员工销售业绩更优，平均持续通话时间更短，顾客的满意度更高。使用IE或Safari浏览器的员工在入职后120天的业务水平，相当于使用Firefox或chrome浏览器的员工在入职90天内的业务水平。

员工更加稳定、踏实地工作，而且业务水平更高的原因应该不在于浏览器，那么，究竟是什么原因导致了这样的结果呢？是因为使用 Firefox 或 chrome 浏览器的人更擅长操作电脑吗？豪斯曼在一项追加调查中找到了答案。他对所有的研究对象进行了电脑操作知识的测试，内容包括是否熟悉电脑的多种快捷键，是否具备硬件与软件相关的知识，打字是否迅速等。然而，结果表明，两个群体并没有表现出明显的差异。

那么，他们到底有什么差别呢？他们的差别在于获取浏览器的渠道。购买新电脑时，如果电脑是 Windows 系统，则会自带 IE 浏览器；如果电脑是苹果系统，则已经安装好了 Safari 浏览器。2/3 的客服人员会使用电脑默认的浏览器，不会主动思考是否有性能更佳的浏览器。其余的员工则会主动寻找具备自己想要的特征的浏览器，并且不辞辛劳地下载安装 Firefox 或 chrome 浏览器。他们并不会直接使用预装好的浏览器，而是发挥自己的主观能动性，寻找性能更优的浏览器。正是这份主观能动性，预示了他们未来的业务水平。

那些安于现状、使用默认浏览器的员工，在处理业务上也是按部就班。他们按照公司制定的方针，循规蹈矩地工作。他们认为自己的工作是一成不变的，因此对工作产生不满时，会开始缺勤，最终从公司辞职。然而，主动寻找并下载其他浏览器的员工，在处理业务时，不会墨守成规，而是会思考比传统方案更优的方案。即使不满意当前的处境，他们也不会轻易放弃，而是努力掌握主动权，改善自己的境遇。这样一来，他们就没有了辞职的理由，而是通过改造后的、自己想要的工作方式来处理业务。然而，这样的人并不属于人群中的大多数，只是独特的"例外"。

## 斧头：必不可少的思维整理工具

不是按部就班，而是主动寻找新的方法，这种能力在任何领域都非常重要。我之所以说工具很重要，原因也在于此。在砍树时，比起两手空空，有斧头在手效率就会大大增加。工具本身的好处是不言而喻的，不过，培养找到适合自己的工具并用其解决问题的能力更加重要。

现在，让我们看看有助于思维整理的工具。我将介绍6种工具，它们可以分为思考工具和App工具。思考工具旨在培养思考方式和思考规则，打造"思考框架"。App工具则是将思考工具置于数字环境中，从而使使用工具和表达时更加快捷而高效。

## 思维导图

就算对思维整理毫无兴趣的人也一定听说过思维导图。我在授课时也问过前来听课的学生和上班族，90%以上的人都听说过思维导图。然而，当我继续询问他们实际如何使用思维导图时，能答上来的人连 10% 都不到。甚至在大多数情况下，真正用过思维导图的人一个也没有。

许多世界知名企业都在使用思维导图，而使用思维导图的人被称为"mind-mapper"，比如比尔·盖茨就是一名"mind-mapper"。思维导图在 20 世纪 70 年代由美国的托尼·博赞（Tony Buzan）创建。当时博赞正在读硕士，对骤然增加的课业感到十分吃力，由此开始对大脑如何吸收知识产生了兴趣。但在当时，有关人脑的研究并不多，能够获取的信息少之又少。为了直接解决这个问题，他提出了一种新的思维方法。

他认为，传统学习方法的问题在于直线思维。这种传统的惯用的思维方式和记笔记的方法并不适合大脑进行记忆。那么，传统的思维方式存在哪些问题呢？请阅读下列文字：

思考工具包括负责基础思维的"思维导图"，用于进行逻辑思维的"逻辑树"，用以对多个想法进行梳的"KJ 法"等。而 App 工具则包括数字化的思维导图 X-MIND，数字化笔记本印象笔记，基于大纲的笔记管理软件 DYNALIST。它们具有不同的特性，因此，我们要掌握、利用它们的优势，更加有效地进行使用。

接下来，我将对上文所述的 6 种思维整理工具一一进行介绍。

如果将各种信息按照直线方式排列，人们就会一时难以把握关键词。这会使得我们的大脑无法将多个核心概念联系起来进行思考。另外，过于简单甚至单调的笔记会让大脑感到乏味，从而使记忆变得更加困难。总的来说，直线思维的缺陷和不足在于，无法刺激我们进行创造性思维，只会使我们浪费时间。那么，将以上内容用思维导图的形式进行表现会如何呢？请看下面这张思维导图，它会令你即刻掌握要点所在（见图1.6）。

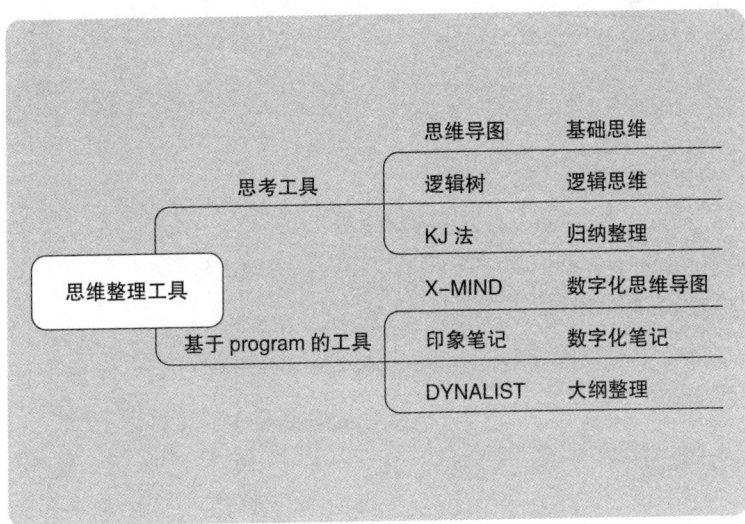

图 1.6　思维导图示例

思维导图能够一目了然地呈现词与词之间的关系。大脑的记忆机制被称为"信号网络"，而思维导图的结构与大脑记忆机制

十分相似，因此，即使是十分复杂的信息，也能够被轻松明了地
表现出来。

如果一个人坚持使用思维导图进行思考，那么当他阅读文章
时，他头脑中会自动浮现这种形态的结构图。我们该如何利用思
维导图进行思考呢？只要了解一些简单的规则，你就能轻松上手。

第一，确定思维导图的核心主题，并将它放在整张图的中央
（见图 1.7）。如果你希望自己记忆得更加持久，你可以尝试用绘
图的方式表示出来，或是用不同颜色的笔对重点部分进行强调。

图 1.7　确定核心主题

第二，从核心主题出发引出分支，将相互关联的内容作为分
支主题。靠近中心主题的位置，分支的线条可以设置得更粗壮一
些（见图 1.8）。

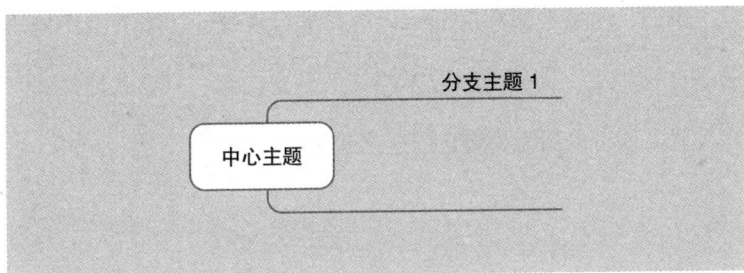

图 1.8　引出分支

第三，与分支主题有关的内容，可以安排在其下位分支主题中，也就是二级分支主题。如果二级分支主题中存在与一级分支主题相同级别的内容，就需要将其置于一级分支主题之列，与其他一级分支主题并列，进而引出新的二级分支主题（见图 1.9）。

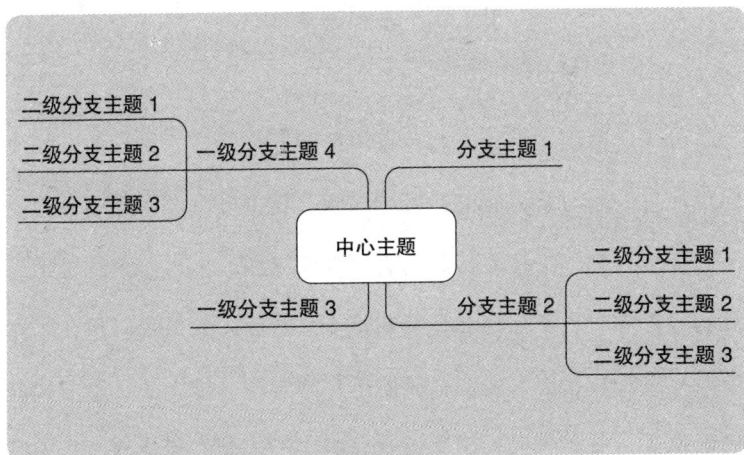

图 1.9　引出二级分支主题

第四，学会使用相应的标识图像进行表现（如图 1.10 中使用的进度标识）。即使是位置不相邻的分支内容，只要它们之间存在关联，就可以用箭头将它们连接起来。

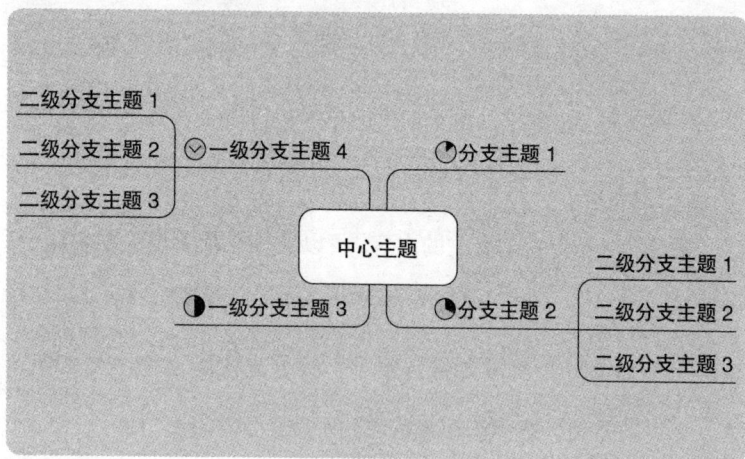

图 1.10　添加进度标识

在 App 出现之前，人们一直用纸和笔来制作思维导图。如果你现在想绘制与学习有关的思维导图，我也推荐你实际动手画一下。这是因为，比起由其他人绘制思维导图，你自己绘制思维导图的过程更有利于记忆和背诵知识点。然而，如果我们想在工作中或是整理数量庞大的资料时使用思维导图，传统的手绘方式就远不如 App 来得方便。手绘思维导图一经绘制便无法修改，而且不一定美观。此外，手绘思维导图的范围局限于一页纸的大小，而且保管起来十分不方便。思维导图 App 的出现则完美地弥补了这些缺陷。

思维导图可以将我们的想法进行分类，有助于我们更好地思考因果关系以及内容与主题的关联性。这会让逻辑思维的养成变得很自然。而且，通过思维的连锁效应，我们也会自然而然地形成创造性思维。久而久之你就会发现，你已经习惯了将所有的信息排列成树状图的样子进行思考。

## 思维导图 App：X-MIND

为了弥补手绘思维导图的缺陷，适应飞速变化的环境，人们开发出了思维导图 App。思维导图 App 只是最大限度地保留思维导图的形态，以数字化的方式重新呈现而已，其思维方法和基本规则与传统的思维导图并无不同，不过可以随时随地进行修改，且便于保管。无论你是在办公室里使用笔记本电脑，还是离开办公室后拿出手机，都可以随时随地制作属于自己的思维导图，也就是说，思维导图 App 冲破了空间的约束和限制。思维导图 App 已经广泛应用于韩国和其他国家的多家企业，既推出了免费版本也发行了付费版本，用户可以根据自己的需求自行选择。这里，我选取了我正在使用的思维导图 App——X-MIND 为大家进行详细介绍（见图 1.11）。

X-MIND 是中国香港的一家公司于 2008 年在全球范围内发布的一款 App 产品，现如今已拥有不计其数的用户，遍布世界各地。X-MIND 主要分为传统的"X-mind 8"和最新推出的"X-mind Zen"两种，X-mind 8 可以在软件商店上进行购买，X-mind Zen 则采用订阅制，需要用户从公司的网站主页上进行下载。这两款 App 也都提供了免费版本。免费版本的用户能够使用 X-MIND 所有的基本功能，但如果想使用更多功能，就要购买付费版本。

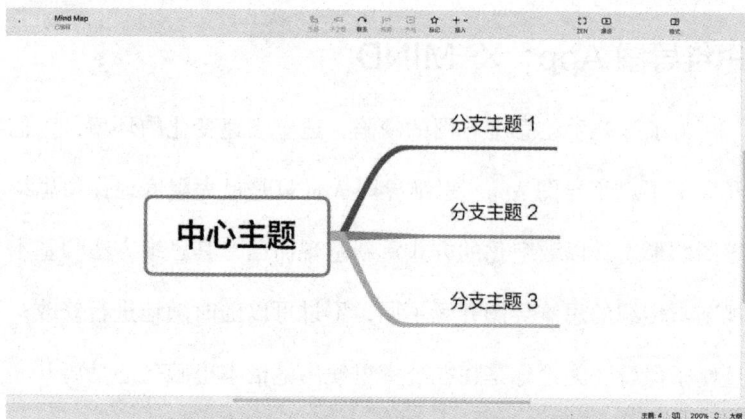

图 1.11　X-MIND Zen 的界面

在众多款思维导图 App 里，我对 X-MIND 情有独钟。原因之一是，X-MIND 具备强大的兼容性。一些 App 只适配于 WINDOWS 系统，却不支持苹果的 MAC 系统。另外，在很多情况下，一些

App 只支持 PC 版本，在移动设备上却无法正常使用。而当我们需要同时在 PC 版本、MAX 版本、移动版本等多台设备进行操作时，就会有诸多不便。然而，X-MIND 同时兼容这三种版本，而且可以随时随地进行思维导图的编辑和分享。另一个更重要的原因是，X-MIND 与我在后面将要介绍的另一款工具软件——印象笔记——可以配合使用。就我自己而言，进行发散思维、记录讲课内容、构建课程框架等几乎都会用到 X-MIND。因此，我所创建的思维导图越来越多，为了便于对它们进行管理，我需要一个能够像印象笔记一样的"抽屉式 App"[①]。至于如何使用它，我将在介绍印象笔记时进行说明。

## 麦肯锡逻辑树

世界领先的全球管理咨询公司麦肯锡在分析问题时经常使用的思维整理方法就是逻辑思维，而逻辑树正是作为逻辑思维的工具之一而闻名于世的。在工作中，逻辑树有助于高效解决各种问题，而且适用于多种情境，深受人们的喜爱。逻辑树是一个树状图形，以树干为起点向外延伸粗壮的树枝，每根树枝又可以分出数个更

---

① 指像抽屉一样具有强大收纳功能的 App，许多选项需要时可以弹出，不需要时可以隐藏。多用于对数量较多的文件进行管理。——译者注

小的枝权。这种树状结构能使事物之间的因果关系一目了然，很有用。逻辑树与思维导图很相似。不过，人们在绘制思维导图时，思维可以自由发散，不受限制；逻辑树则是通过演绎与归纳这两种"逻辑结构"来帮助人们得出结论或寻找论据。另外，通过绘制逻辑树的分支，我们能够找出问题的所有相关项，不会重复也毫无遗漏，有利于对问题进行整体把握（图 1.12）。

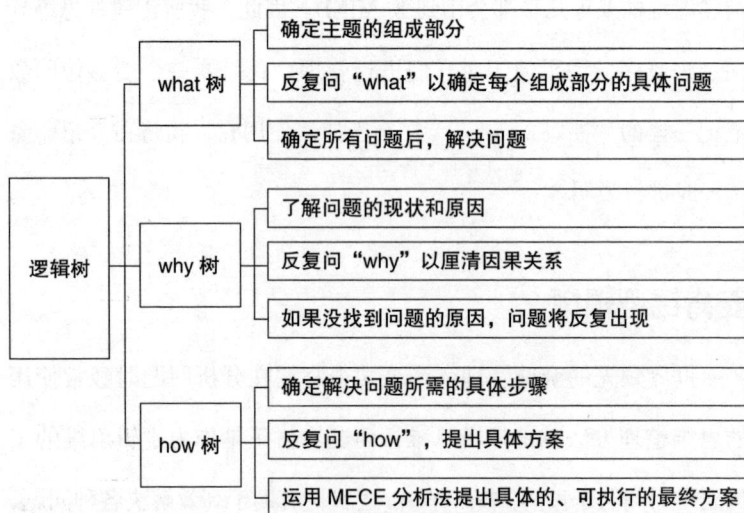

注：MECE 是指对一个主题进行不重叠、不遗漏的分类。

图 1.12　逻辑树的基本形态

　　根据不同的目标，逻辑树可以分为三种类型。第一种是"what"型逻辑树。"what"型逻辑树用于确定主题的组成部分，不重复且无遗漏地对其进行整理，将工作的方方面面呈现出来，方便人们检查问题出在哪里。"what"型逻辑树既可以用于销售额之类的定量分析，也可以用于定性分析（见图1.13）。

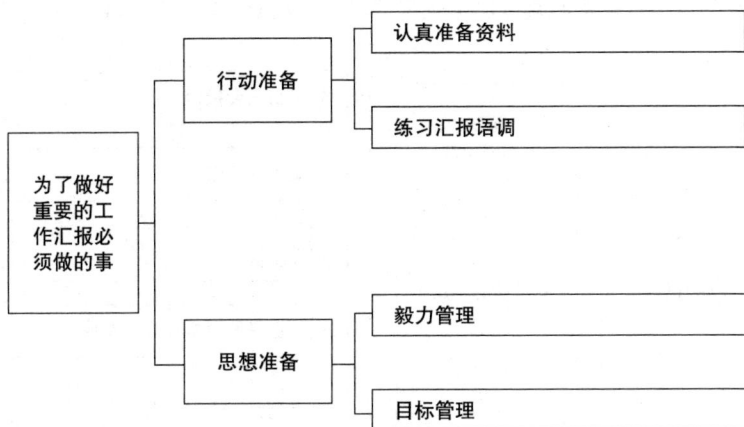

图 1.13 "what"型逻辑树应用示例

职场人士需要准备重要的工作汇报时，可以尝试使用逻辑树。要想完成一次出色的工作汇报，应该做哪些准备工作呢？准备工作分为思想准备和行动准备两个方面，这样一来就能涵盖所有的内容。行动准备包括认真准备资料和练习汇报语调，而思想准备则包括毅力管理和目标管理等。

接下来，我将对"why"型逻辑树进行介绍。"why"型逻辑树有助于揭示问题所蕴含的现象及其背后的原因。这是对某一问题反复提出"为什么"这一疑问并反复进行探究的过程。如果寻找问题的解决办法时只停留在表面，问题还是会反复出现。只有找出深层原因，才能更彻底地解决问题。当"what"型逻辑树无助于进行"毅力管理"时，我们就可以试着画"why"逻辑树（见图1.14）。

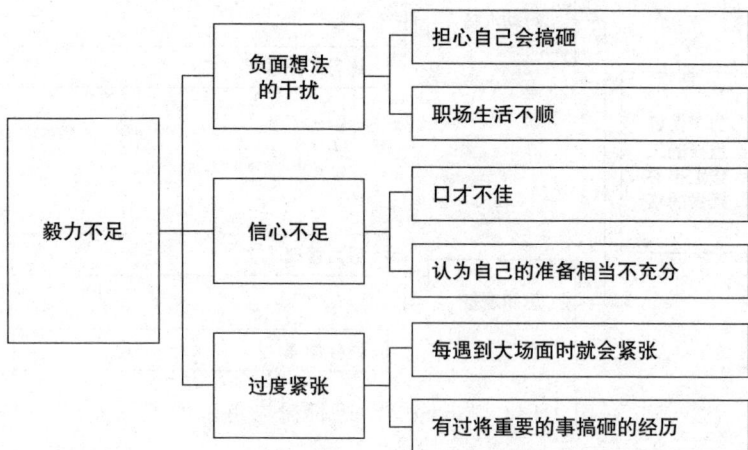

图1.14 "why"型逻辑树应用示例

当你试着构建"why"逻辑树时，你或许更容易从中发现自己毅力管理失败的原因。如果你问自己"为什么毅力管理会失败"，你可能找到以下答案：负面想法的干扰、缺乏自信、太过紧张，等等。如果你继续深入地问自己"为什么会缺乏自信"，你就会进一步找到答案——"口才不佳""自认为准备不充分"等。

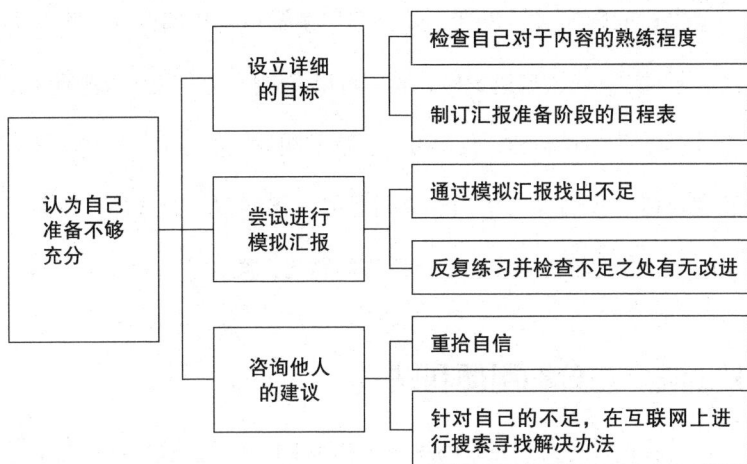

图 1.15 "how"型逻辑树应用示例

最后，让我们一起来了解一下"how"型逻辑树。如果你通过"why"型逻辑树发现了问题的原因，接下来你就需要寻找解决问题的方法。"how"型逻辑树就是在不断抛出"怎样做"这个问题，让你找到一个具体的、切实可行的解决方案。接下来，让我们以"自认为准备不充分"这个原因为例，通过"how"型逻辑树找到一个解决方案（见图 1.15）。

针对这种情况，其实有许多解决方案。比如，我们可以设定具体的目标，通过模拟汇报等方式进行练习，也可以审视自己当前的状态和水平，寻求他人的建议或帮助。

像这样，按照"what"型逻辑树、"why"型逻辑树、"how"

型逻辑树的顺序进行思考，就是利用逻辑树解决问题的一个好办法。通过"what"型逻辑树，我们可以发现问题，找到问题所在；通过"why"型逻辑树，我们可以发现问题发生的原因；通过"how"型逻辑树，我们可以找到解决问题的具体方案。像这样，按照逻辑顺序，我们就能逐步制定出解决问题的方案。

# KJ法：充分利用便利贴

最后我将为大家介绍的思考工具是KJ法。KJ法是日本的文化人类学家川喜田二郎在多年的学术调查中总结出的一套科学的整理方法。韩国文化心理学家金定云教授曾在一期访谈节目中谈到自己在德国的留学生活。金定云教授的导师在指导他写论文时，曾批评他没有自己的想法和创意。那么，金定云教授到底与其他德国学生存在什么差异呢？他通过观察德国学生发现，他们会利用卡片来整理资料和进行学习，而这种方式非常有助于提出独创的新理论。这种卡片法与我要介绍的KJ法十分相似。

KJ法已经在学习陌生领域知识或召开会议方面得到了多次成功的应用。在便利贴或记事贴上写下自己的想法，然后把它们贴在一张更大的纸上，并按照不同的主题进行分类，以寻找解决问题的新突破点——这一过程就是KJ法。掌握了KJ法的理念后，人们可以以它为基础开发App，也可以用它帮助自己创造新知识。接下来，让我们对 KJ 法进行详细了解。KJ 法主要分为四个步骤。

1. 针对一个主题进行信息收集，并将收集而来的资料和自己的思想火花随时记录在卡片上。

2. 将卡片进行整理，按照自己确定的分类标准进行分类。然后将同类的卡片集中起来，继续进行分类。另外，也可以将继续分类得到的卡片组合重新整理成一个较大的卡片分组。

3. 将卡片分组按照主题关联度高低进行排序，然后将原因和结果按照时间顺序进行罗列，同样含义的卡片分组可以并列到同一级别上。

4. 从整理好的卡片中选出一张作为思考的切入点，然后将所有卡片的内容衔接成一篇文章。

KJ 法是典型的收敛性思维方法。思维方法大致分为两种：一种是发散性思维方法，一种是收敛性思维方法。发散性思维方法如头脑风暴，旨在激发创造性思维；收敛性思维方法如 KJ 法，则用于对搜集而来的资料进行分类、排列，以确定优先顺序。从发散性思维转向收敛性思维是进行思维整理进而采取行动的关键。因此，我们一定要了解 KJ 法。

用 KJ 法进行思考时，我们可以像以前一样使用便利贴或记事贴，但是数字化工具使用起来更方便。我们可以将 POWERPOINT 中的每个页面想象成卡片，在完成内容收集后，通过"幻灯片浏览视图"的功能来移动调整页面，从而提出新的理论。

## 可以随时打开查看的"抽屉"：印象笔记

印象笔记是一款非常有名的笔记软件，只要上网下载就能使用，分为免费版本和付费版本。为什么我们要使用印象笔记呢？因为它使用起来就像"思维抽屉"一样灵活。只要轻点几下屏幕或鼠标，我们就能将从网上查到的资料保存在印象笔记中；收到的邮件也能传输到印象笔记上，便于我们对邮件进行专门管理。此外，它还可以和 X–MIND App 联动：在 X–MIND 上绘制的思维导图，只要轻触几下，就能保存在印象笔记中。X–MIND 是以单个文件为单位进行保存的，我们在查找资料时需要逐个打开文件查看，这就为我们带来了不便。然而，如果将 X–MIND 和印象笔记进行文件共享，则在印象笔记中保存 X–MIND 文件时，还能将其保存为图片和文本形式，方便我们一次性检索所有信息。在付费版本中，搜索范围还扩大到图片和 PDF 文件中的内容；如果将从网上查到的资料截图保存到印象笔记中，印象笔记就能自动识别其中的文字。只要轻轻点击一下，我们就能打开想要的"抽屉"——这就是印象笔记。

## 基于大纲的笔记管理 App：DYNALIST

大纲笔记整理工具指的是通过大纲缩排（indent）的方式构建可扩展或折叠的多级别、多层次的文档构架，有助于文档编辑和管理的 App。从这个角度讲，它与思维导图的功能具有异曲同工之处，然而思维导图的结构是呈放射状的，大纲笔记整理工具则是直线树状结构，层级关系分明。大纲笔记整理工具的使用十分简单，而且可以直接在网页上操作使用，非常方便。之前介绍过的 X-mind Zen 最新的 2019 版本，就新增添了大纲笔记整理工具功能，可见大纲笔记整理工具的使用者数量之多。虽然在同类 App 中，韩国人更加熟知的是 Workflowy App，但 DYNALIST 的研发者也曾是 Workflowy 的使用者，存在于 Workflowy 中的短板在 DYNALIST 中得到了修补，因此 DYNALIST 的优势更加突出一些。如果以待办清单（checklist）的方式进行日程管理，就无法体现各项任务之间的关联性，而且存在一个明显的缺点：当任务越多，清单越长时，其缺乏分类标准的劣势将更加凸显。然而，DYNALIST 能够很好地弥补这一缺点，具有强大的功能性和实用性。

所有的 App 都在不停地迭代，新的 App 也层出不穷。因此，我们无法从中评出哪个是最好的。归根结底，找到适合自己的

App，形成自己的使用风格才是最重要的。我们之前所提过的思考工具也是如此。我们无法同时使用400多个思维工具，但是可以根据自己的情况，找到适合自己的那一款，慢慢总结出自己的"独门秘籍"——这才是成为思维整理达人的最佳捷径。

# 从无意识无能力到无意识有能力

## 快速熟稔新技能的四个阶段

"先根据自己的需求设立目标，然后搜集相关资料。在对资料有了大概了解后，对其进行有效分类，然后将分类后的资料置于一个完整的体系中，并将其重新排列。"这短短的一句话道出了丁若镛的工作方式，也道出了思维整理的基本理念。你或许觉得这句话太简单了。但是，**你不能仅仅停留在认知层面，而是要在行动中焕发光芒。思维整理也是一样。**

到现在为止，你已经学到了很多东西。然而，就算你阅读很认真，掌握得很熟练，实际应用起来还是会有些困难。那么，怎样才算是真正学会了呢？让我们了解一下NLP领域所说的"学习"四个阶段：

第一阶段：无意识无能力

第二阶段：有意识无能力

第三阶段：有意识有能力

第四阶段：无意识有能力

为了便于理解，我们假设小王对思维导图这个概念尤其是思维导图 App 一无所知。那么，他当然也不懂得如何使用思维导图。在这种情况下，他所处的就是第一阶段，即无意识无能力。由于意识不到自己不知道世界上有一种东西叫思维导图，就算他具备相应的使用能力也无济于事。如果小孩子从来没接触过自行车，那么他肯定不知道如何骑自行车，就连骑自行车的想法都不会有。

然而，小王参加了公司举办的一次培训。培训讲师向大家介绍了思维导图，并会在下一次上课时用思维导图 App 讲解如何使用思维导图。这时候，他开始意识到自己并不知道如何使用思维导图。此时小王所处的状态就是"有意识无能力"阶段。这就像小孩子看到自己的朋友在骑自行车时，自然就会对自行车产生认知。然而，小孩子此时仍旧处在不知道如何骑自行车的阶段。

通过培训，小王学会了如何使用思维导图 App 绘制属于自己的思维导图。然而由于操作并不熟练，绘制一张思维导图要消耗很多时间。为了将思维导图应用在工作中，他不得不在屏幕上点来点去，这反而占用了他大量的工作时间。现在小王所处的状态就是"有意识有能力"阶段。小王知道如何使用思维导图，但为了提升自己的熟练程度，他必须有意识地集中精神。这就像小孩子刚学会骑自行车时，由于不能熟练地掌握平衡，骑车时常常要绷紧神经。

现在来到了最后一个阶段，小王能够熟练地使用思维导图App，对快捷键的使用也都烂熟于心，不需要额外花费时间思考，就能准确地将手指放在应触碰的地方。小王已经能够轻松地绘制出一张又一张全新的思维导图。至此，小王达到了无须调动自己的意识，也就是在无意识状态下发挥自己能力的阶段。学骑自行车的小孩子通过一段时间的练习，已经可以放心地骑自行车，而且可以"一心二用"。这种状态就是无意识有能力状态。无论是骑自行车，还是学习打网球或者操作电脑，一切技能的学习都会经历这四个阶段。

## 学习了思维整理，为什么效率反而下降了

那么，你的思维整理学习又处在哪个阶段呢？每个人的情况可能都不一样，但如果你是第一次了解思维整理，你可以默认自己处在第一阶段。对思维导图App有一定了解并不意味着你能够熟练地使用它。

如果你现在刚开始学习，处在有意识有能力阶段，你的效率反而可能会下降。只有通过不断练习进入无意识有能力的阶段，效率才会上升，你才能达到想要的目标。

许多人认为，只要学习了新东西，自己的生活就一定会有所改观。他们认为，只要掌握了一种思维整理工具，马上就会出现神奇而巨大的变化。我们稍微想一下就知道，无论学习什么知识，无论是谁，都不可能从一开始就做到最好。然而许多时候，我们并不真正相信这一点。

虽然我们身边有时也会出现第一次尝试就上手很快的人，但那是因为他们从前有过相似的经历和经验，并且能将过往的经验灵活运用到新事物上。归根结底，那只是他们的实际应用能力较强，而不是因为他们是例外。

技能水平的提高从第二阶段开始。

一旦意识到自己能力不足，我们就会主动去学习必要的知识或技能。然而，在有意识无能力阶段，绝对不要轻易放弃。如果因为刚学会使用思维导图 App，操作不熟练，耗时太久而又重新回到原来使用的方式，就不会有任何改变。

通过努力练习，达到有意识有能力阶段后，如果有不足之处，我提倡同时使用其他新的工具进行互补。你的能力是不会说谎的。

努力练习吧。意象训练（Image training）① 过后，我们就要直接动手实践。这是提高自己能力的唯一途径。

---

① 学习某一项技能时，预先在头脑里反复周密地进行模拟演练的过程。——译者注

# 第二章

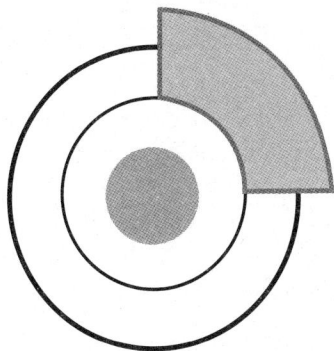

## 摆脱无力感：只想不做的那些人

# 别把白日梦当成目标

## 所谓目标，就是计划与现实的矛盾

"今年一定要减肥！"

"这一次我一定得好好学英语！"

"我一定要把资格证考下来！"

"要不要独自出门旅行一次？"

"必须得把烟戒掉！"

每年一月份，我们都会制订自己的新年计划并将其发在社交平台上。一起制订新年计划的交流聚会和自我启发类书籍也随之增多。健身房里，到处都是怀着全新的心情投入健康管理的人们。这种现象并不只是韩国才有。美国、欧洲等其他国家和地区的人们也会在新的一年来到时，制订自己的新年计划。

然而，无论在哪个国家或地区，都会出现一种现象，很多人都是三天打鱼两天晒网。很明显的例子是，新年伊始熙熙攘攘的健身房，不过两三周，又会回到空空荡荡的状态。一项统计调查显示，在设立新年目标的人群中，有80%的人未达到自己的目标。实现目标的难度之大可想而知。

其实，不仅仅是新年目标。人们在制订好新计划后，往往坚持不了多久就会放弃。所幸，并不只有我们是这样，很多人都是这样，以至于我们不用太忧虑。然而，每个人在内心深处，都希望自己的目标能够实现。如果你觉得不做出改变也可以，那么维持现状也很好。但是，如果你想实现新的目标，改变现况，你就需要找到自己的目标总是失败的原因，以及新的解决方法。

生产知名手账 Franklin Planner 的富兰克林柯维公司 [①]（FranklinCovey）的共同创始人希鲁姆·W. 史密斯（Hyrum W.Smith）曾这样定义"目标"："所谓目标，就是计划与现实的矛盾。"目标就像地图，能帮助我们从现状向着我们想要的状态前进。如果这张地图是正确的，我们就更容易地到达目的地。但如果地图是错误的，我们不仅寻找路途时会更艰辛，而且可能无法到达目的地。因此，设立目标时，我们需要配备最新的"导航仪"。

---

① 一家专注于绩效改善的全球化公司，是为各大组织和个人提供效能培训、生产力工具、战略执行和评估服务的全球领导者。帮助企业通过改善员工的行为来实现目标。——译者注

# 不是目标，而是白日梦

目标设立后，我们又为什么常常中途放弃呢？比起"目标"，我更喜欢使用另一个词语——"梦想"。这是因为，为了实现梦想，我们需要设立目标；而当目标得以达成，我们的梦想也最终会实现。有些人能够完成目标、实现梦想，有些人则无法完成目标，自然也就无法实现梦想。对于后者，我们只能说，这些人并不是在设立目标，而是在做白日梦。

那些实现自己目标的人都会制订相应的计划。他们脚踏实地地执行计划，将每个微小的成功汇聚起来，向着最终目标前进——一直处于积极状态。那些没能完成目标的人又是怎么做的呢？在很多情况下，他们没有详细的计划，只会大谈空话"我要减肥""我要戒烟""我要考资格证"，最终，梦想沦为了白日梦。总的来说，如果没有计划，我们就不知道自己该做什么，不会采取任何行动，不会发生任何变化，实现不了自己的目标，最终还是停留在消极状态（见表2.1）。

表2.1　目标与白日梦的区别

| 目标 | 白日梦 |
| --- | --- |
| 制订明确的计划 | 没有明确的计划 |
| ↓ | ↓ |

续表

| 目标 | 白日梦 |
|------|--------|
| 执行计划 | 无法执行 |
| ↓ | ↓ |
| 一步步逐渐积累 | 常在原地踏步 |
| ↓ | ↓ |
| 完成目标 | 没能完成目标 |
| 积极状态 | 消极状态 |

在 2002 年韩日世界杯中，韩国队成功书写了冲进 4 强的神话。这远远超过了他们最初设立的"挺进 16 强"的目标，创造了新的历史。至今回忆起来，我还是会激动不已，因为"4 强"对于韩国队来说是想都不敢想、几乎不可能的事，但韩国队真的做到了。然而，如果倒退至韩日世界杯举办的一年前，情况则大不相同。在对阵法国队的资格赛中，韩国队以 0 比 5 惨败；而在对阵捷克队的资格赛中，韩国队仍以 0 比 5 败北。当时，媒体与球迷的指责谩骂铺天盖地。然而，时任韩国队教练的古斯·希丁克（Guus Hiddink）却坚持按照自己制订的计划一步步推进。希丁克在后来参加韩国 TVN 电视台的《白智妍的 People Inside》访谈节目中曾这样说：

我认为，无论何时，就算听到他人的指责谩骂，也应当专注
于自己的目标。我们的目标就是成长为具有实力和竞争力的队伍，
而我也曾这样对韩国足球协会的会长及高层管理人士说过："这
就是我们要走的路。而且，我预计我们会蹒跚而行。这绝不是一
路坦途，其中有许多艰难险阻需要我们克服。然而，我们一定可
以从中学到很多，收获很多。"

追逐目标之路并不是平坦无阻的，你会遇到很多艰难险阻。
而且，越是远大的目标越是如此。然而，再远大的目标，也是始
于脚踏实地完成每一步计划。在任何人看来，韩国队挺进4强都
是痴人说梦，但韩国队真的做到了。所以现在，请你从白日梦中
醒来，开始设定明确的目标吧。

# 摆脱完美主义的束缚

## 造就"怪物投手"的曼陀罗思考法

来自日本的大谷翔平素有"怪物投手"之称，被称作"在漫画里才会看到的棒球选手"。他不仅能投出时速 160 千米 / 小时以上的球，而且击球能力十分出色，曾经击出多次全垒打，是名副其实的完美选手。以 2019 年来说，出生于 1994 年的他也不过 25 岁，高中毕业的同时，他还获得了八大球队的第一指名。如今，他仍活跃在多个领域，不断地刷新着历史。

然而，这么优秀的选手是如何实现如此辉煌的目标的呢？日本媒体持续关注大谷翔平，不由得对他实现梦想的背景感到好奇。为此，媒体采访到了大谷翔平高中时代的棒球教练："您是如何培养出大谷翔平这样卓越的棒球选手的呢？"然而，教练的回答是："我不知道怎样投出时速 160 千米的球，也不是像大谷翔平那样优秀的选手。但是我可以告诉你他的思考方法和制订计划的方法。"

那么，大谷翔平的秘诀究竟是什么呢？大谷翔平正是通过"曼陀罗思考法"（Mandal-Art）来设定具体翔实的计划，然后一步步实现自己的目标的。如果大谷翔平只是将"八大球队第一指名"作为目标，却不付出行动，那么所谓的目标也只不过是白日梦。然而，他通过翔实的计划，最终成功地将目标变成了现实。

曼陀罗思考法由日本设计师今泉浩晃提出。曼陀罗源于佛教，据说今泉浩晃从中得到了启发。曼陀罗图共有 81 个方格。将想要实现的目标写在最中间的空格里，然后在周围的 8 个空格里写上完成目标所需的项目。再将这 8 个空格向 8 个方向外移，使它们周围也各自环绕着 8 个小空格。接下来，再以最初写下的 8 个项目作为二级目标，在各自围绕的 8 个小空格里写下完成二级目标所需的项目。比起我的说明，直接看图更容易理解。曼陀罗图有一个非常明显的优势，那就是，实现目标所需的所有项目都被集中整理到了一张纸上。它利用了人们想要填补空白的心理，有助于激发新的想法。另外，与逻辑树相似，它也是基于一个中心向外延展，也有助于进行逻辑思维。

我推荐大家在实现目标过程中使用曼陀罗思考法。然而，一旦你开始绘制曼陀罗表格，就会遇到各种各样的难题。因此，在绘制曼陀罗表格之前，以及在设定目标之前，让我们通过分析自己没能实现目标的原因来了解一下如何制定目标（见表 2.2）。

为什么我们想要实现的目标总以失败告终? 第一个原因是: 没有制订具体的计划。事实上,如果你学会了前文所述的内心整理法,你就能够在设定人生目标时熟练运用 SMART 原则。其中第一个字母 "S" 表示的是 "具体的"(specific),由于它非常重要,我们在这里再次强调一下。

表 2.2　曼陀罗思考法应用示例

| 身材管理 | 补充营养品 | FSQ90公斤 | 改善踏步 | 强化躯干 | 保持轴心不晃动 | 合适的角度 | 把球从上往下压 | 强化手腕力度 |
|---|---|---|---|---|---|---|---|---|
| 柔韧性 | 锻炼身体 | RSQ130公斤 | 选定放球点 | 控球 | 消除不安感 | 不过度用力 | 球技 | 下半身主导 |
| 体力 | 拓展身体可移动范围 | 吃饭,早上3勺,晚上7勺(满勺) | 强化下半身 | 身体不要打开 | 控制自己的精神状况 | 放球点往前 | 提高球体的转速 | 拓展身体可移动范围 |
| 设立明确的目标 | 不要悲喜不定 | 头脑冷静,内心炽热 | 锻炼体格 | 控球 | 球技 | 顺着轴心旋转 | 强化下半身 | 增加体重 |
| 加强危机应变能力 | 心志 | 不要受到气氛的影响 | 心志 | 获8大球队第一指名 | 击球/投球的力量 | 强化躯干 | 球速160千米/小时 | 强化肩膀力道 |
| 心情不要起伏不定 | 对胜利的执着 | 体谅队友 | 人品 | 运气 | 变化球 | 拓展身体可移动范围 | 练习传接直球 | 增加投球数 |
| 感性 | 成为受大家喜爱的人 | 计划性 | 打招呼 | 捡垃圾 | 打扫房间 | 增加拿到好球数的球重 | 完成指叉球 | 滑球的球技 |

续表

| 体贴 | 人品 | 感谢 | 爱惜球具 | 运气 | 对裁判的态度 | 缓慢且具有落差的曲球 | 变化球 | 针对左打者的决胜球 |
|---|---|---|---|---|---|---|---|---|
| 礼貌 | 成为受大家信任的人 | 持之以恒 | 正面思考 | 成为受大家支持的人 | 阅读书籍 | 用投直球的方式投球 | 让球从好球区跑到坏球区的控球力 | 想象球的行进深度 |

现在，让我们重新设定自己的新年目标。一位职场人士设定的目标是"学英语"。然而，我们现在知道，如果目标只停留于"学英语"这三个字，那么它更像是白日梦而不是目标。我们该怎么做呢？将这一目标再次进行分解。"学英语"可以分为听力、写作、阅读、口语等类别，也可以分为托业、托福、雅思考试等类别。这位职场人士的"学英语"目标具体指哪方面呢？

说不定这位职场人士自己也很迷茫，只是觉得应该学点什么，但对于如何入手全无看法。然而，如果不把目标准确表达出来，就很难制订详细的计划。如果他以托业考试为目标，就没必要在写作和口语方面下功夫。因为他只要学习托业考试所要求的语法、阅读理解、听力，就能实现目标。然而，如果他想要的不是通过托业考试，而是提高口语表达能力，那么制订的详细计划就会完全不同。像这样将目标具体化，明确自己想要达成的结果十分重要。

如果你的新年目标是"多读书",那么这又是一场白日梦。当然,比起毫无计划,这样的决心也会对你有所帮助。然而,基于以往的经验,我们都知道,这样不具体的目标最终会不了了之。如果你想在新的一年多读书,那么你可以把目标表述为"每个月读书 2 本以上"(见表 2.3)。

表 2.3　设定新年目标

| 白日梦 | 具体的目标 |
|---|---|
| 学英语 | 托业考到 900 分以上<br>提高口语表达能力,能和外国人对话 5 分钟以上<br>阅读英语原著 3 本以上 |
| 多读书 | 每个月读书 2 本以上<br>阅读市场营销方面书籍 30 本以上<br>每天晚上抽出 30 分钟的时间阅读 |

大谷翔平正是使用曼陀罗思考法达成了自己的目标。由此可见,**制订详细的计划对于实现自己的目标相当重要**。如果你的计划是"每个月读书 2 本以上",那么不要止步于此,而是要列出上半年每个月的读书清单。而且,可能的话,你可以直接买来要读的书,以确保实现目标的过程万无一失。如果你希望托业考试考 900 分,你就可以向成功考过的人请教,了解需要准备什么,需要上什么补习班,如何学习等,然后据此制订详细的计划。大

谷翔平的曼陀罗九宫格里还包括了运气、心志、个人品质等方面。他相信，努力也会为自己带来好运气。

## 无人能一步登天

目标失败的第二个原因是，我们对自己的现状缺乏了解。对目标进行细化和具体化的前提是，认清自己的现状。每个人每天的时间都是 24 小时，1440 分钟。哪怕是伟大的人物，拥有的时间也是一样的。然而，有些人能够利用这些时间取得了不起的成就，有些人却无法实现自己的目标。为什么会出现这种差别呢？

没能实现自己目标的人都有一个共同的特征。那就是，他们认为自己距离实现伟大的成就只有一步之遥。如果说他们希望到达的阶段位于 10 阶段中的 8~9 阶段，那么他们自己身处 1~2 阶段，却认为自己能够快速到达 8~9 阶段。成功人士在演讲中都会讲述自己的人生经历。但由于演讲往往被限制在 1~2 个小时内，他们很难讲得太详细，通常会从最艰难的某一时期讲起，接下来是一些重要事件，然后过渡到如今的情况。也就是说，他们的演讲通常是从 1~2 阶段出发，省略了中间阶段，直接来到了 8~9 阶段。然而，其中最重要的部分恰恰就是让他们非常痛苦的 3~7 阶段。

不经历中间阶段，是无法迈入下一阶段的。然而，熟悉这类故事的人们却往往没有意识到中间阶段的痛苦。让我们对自己所处的阶段有一个清醒的认识吧。如果说我现在处于第 2 阶段，那么接下来我进入的绝对不可能是第 5 阶段，而是第 3 阶段。只有经历过第 3 阶段、第 4 阶段才可能进入第 5 阶段。然而，从第 2 阶段到第 3 阶段的过程中，人们自认为付出了很大的努力，却没看到自己的处境有所改善，内心会产生一种挫败感——"我做不到"。然后就放弃了。

面对陡峭的山坡，如果你想采用直线方式登顶，当然十分困难。然而，如果沿着弯弯曲曲的山路向上走，虽然看上去要花很多时间，但你正在不断接近山顶。因此，不要害怕投入更多的时间。人们往往高估一年的努力，而低估一二十年的积累。**在实现目标的路上，即使你没有很快感觉到变化，也请继续埋头前进。只有这样，蓦然回首时，你才会发现自己的状况发生了翻天覆地的改变。**

几年前的一个冬天，我参加了第 4 期"旅行学院"。"旅行学院"是一家集中培养职业旅行者的教育机构。在 3 个月的时间里，我倾听了各种各样的导师的演讲，也参与了团体旅行等丰富多彩的项目。那段时光对我来说非常珍贵，因为我遇到了很多默默前行的追梦人，并与他们进行了深入交流。对于他们，我不免感到好奇——"那些正在做着自己想做之事的人，以及那些为了自己的梦想而努力生活的人，他们在努力的过程中不会感到不安和疲惫吗？"

和他们在一起时，只要有机会，我就会这样问。他们给出的回答也出奇地一致：他们每天也会感到不安、担心，也会很辛苦。尽管如此，在从事当前的工作时，他们会觉得很幸福。并且，他们为能够活出自己的人生而感到骄傲和自豪。**每个人在追求目标的道路上都会有一段忍受孤独和艰辛的时光。奔赴未来的途中，并非只有我们自己会感到疲惫。让我们脚踏实地地实现自己的每一个小目标，因为这是我们走向未来的捷径。**

## 束缚我们的完美主义

实现目标失败的第三个原因是完美主义。现代人总是被无数纷杂的事情所包裹，面前堆满了各种各样亟待解决的问题。学生需要面对的是学业、社会实践活动、外语证书、实习、志愿者服务等，无论将来做什么，这些事情迟早都要他们去完成。上班族更是如此。计划书、报告书、工作会议、自我启发、升职考核等，各种事情堆积起来时，并不比学生时代轻松。

这么多事情都想做到尽善尽美该怎么办呢？显然你会经历一段非常痛苦的时光。你不仅会感到痛苦，还有可能会直接放弃。假设你第二天有三门课考试，为了将其中一门课准备得足够充分，剩下的两门课你不得不裸考。

如果你必须在短时间内处理多项事务，那么请将"完美"二字暂时搁置一边。放弃 100% 的标准，你能把所有的事情都完成 80% 就已十分优秀。就好比，与其一门课考 90 分，另两门课考 50 分，倒不如三门课都考 80 分。另外，这也是在不透支自己的情况下完成目标的一个秘诀。

**比起一次性透支自己，懂得细水长流的人才能存活到最后。** 当然，有时我们需要 120% 地完成任务。在读这本书之前，你或许会选择耗尽自己的所有精力，为了 "120%" 而拼尽全力。但是现在，我希望你懂得，只要你能将任务完成就很好。

至此，我们已经详细了解了目标完成失败的三个原因。然而，最重要的是：去行动。我们之所以进行思维整理，又制定翔实的计划，都是为了最后一步的行动。如果你明白了自己的现况，制订了切实可行的计划，并且明白自己首先应该做什么，那么你已经成功了一半。而剩下的另一半全在于你的行动。请你牢记：**你迈出的第一步，将会成为有力的跳板，有助于你最终实现了不起的成就。**

# 村上春树的仪式感

## 雷打不动的作息：凌晨 4 点起床，晚上 9 点就寝

你有像习惯一样每天都会重复的行为吗？比如每天都会在同一时间醒来，在上班路上去星巴克喝一杯加浓拿铁，抑或是向心爱的人说"早安"。如果你有，那么它们就是你的日常仪式（ritual）。为什么我们要留心这些再平常不过的行为呢？这是因为，这种日常仪式会对我们实现目标、形成创造性思维产生非常大的影响。

很多人从未听说过"ritual"这个单词，它指的是"仪式"，多用于宗教方面；同时它也是精神分析学派的专业术语，意为"定型或强迫性重复的行为"。由于它不是日常词汇，我们可以对其进行诸多解读。而在我看来，ritual 是进行创造性思维、实现自己目标的必不可少的核心要素。

日常仪式为什么是我们实现目标的必备条件呢？因成功指挥击毙本·拉登行动而扬名的美国前海军上将威廉·麦克雷文

（William H.McRaven）曾出席 2014 年得州大学的毕业典礼，并做了精彩演讲，轰动一时。他在演讲中这样说道：

早晨起床整理好床铺，你就完成了这一天的第一个任务。它会让你获得小小的成就感，并激励你完成接下来一个又一个任务。在一天结束之时，早上完成的一件小事最终促成了很多任务的完成。而且能让你从中体会到，在人生中，这些平凡的小事是多么重要。

在另一本讲述习惯与成功的书籍《巨人的工具》（*Tools of Titans*）中，作者蒂姆·费里斯（Tim Ferriss）引用了知名线上营销平台 SumoMe 的创始人诺亚·卡根（Noah Kagan）的一句话。据说卡根连住酒店时都会自己整理床铺。

要保证在 3 分钟以内将床铺整理完毕。如果时间再长一些，不出几天你就会坚持不下去。

除了整理床铺，许多成功人士还拥有仪式一般的行为习惯。这就是"日常仪式"。整理床铺是一种强迫性重复式"日常仪式"。至于其他种类的日常仪式则稍有不同，我们可以举出著名作家村上春树的例子。村上写小说时，每天凌晨 4 点起床，不休不止地连续写作五六个小时。下午他会跑步或游泳，读书，听音乐。他会在晚上 9 点钟准时入睡。

他在 2004 年接受美国文艺杂志《巴黎评论》（*Paris Review*）的采访中提到：“我的这种生活习惯行之有年，没有丝毫改变。重复这样做的话，重复本身就变得非常重要，成了一种催眠术。我就像被催眠了，大脑进入了更加深入的精神状态。”他补充道：“在完成一本小说的时间里保持这样的生活习惯需要相当大的毅力，体力也和艺术的敏感性一样必不可少”。

村上春树的知名作品包括《海边的卡夫卡》《1Q84》等。在他看来，这种时间表也存在不足：这种安排只能以自我为中心，不能有任何社交活动。然而，他明确表示，在他的生活中，绝对不能忽视的一种关系就是自己与读者之间的关系，他曾说过：“如果我能够写出超越旧作的新作品，读者也就不在乎我的生活方式了。因为这就是我作为小说家的义务，也是我最应该重视的一点，不是吗？”作为一名小说家，村上春树的日常仪式发展成了适合写作的行为模式。而且，他毕生都在坚持这种日常仪式，并实现了自己想要实现的、最重要的目标。像这样，日常仪式成为日常生活的例子在艺术家中尤为常见。

身为普通人的我们又该拥有怎样的日常仪式呢？许多人或许

都没意识到，他们其实已经拥有了各种各样的日常仪式。几年前我在咖啡店工作时，有一位客人总会在每天早晨同一时间来到店里点上一杯冰摩卡。他是一位年轻的上班族，夏天天气炎热，点上一杯冷饮似乎无可厚非，但天气逐渐转凉后，他还是执着于加冰的摩卡。我对他在天寒地冻的日子坚持喝冷饮这件事很好奇。

有一天，我终于找到一个合适的机会问他："您为什么冬天还喝冰咖啡呢？"他略带慌张地回答道："没什么特别的理由，只是我每天都会喝一杯冰摩卡，以此开启一天的工作。"当时，我未能领悟这句话的深意。然而现在，我发现，这其实是一种深入日常生活的仪式。

## 小行动，大能量

第一次听说日常仪式时，我也曾感到疑惑：我能否有意识地形成日常仪式？这种日常仪式是否真的能带来积极的效果？在听说一些真实事例后，我发现日常仪式是可以有意识地塑造的，而且其积极效果不言而喻。然而，当我们有意识地为形成积极的日常仪式而努力时，三天打鱼两天晒网的问题同样十分突出。但是，我们又无法期待无意识形成的日常仪式总是会带来积极的效果。

**要想有意识地形成一种日常仪式，你首先要真心地企盼自己成为想要成为的人。**清晨早起写作也好，通过减少碳水的摄入来

106

控制体重也好，每个人理想中的模样各不相同。但这并不意味着我们的每个举动都能被认为是日常仪式。**你可以将日常仪式看作我们为了成为想要的模样，让身心处于合适状态的微小行动。**

例如，如果你想早起写作，那么起床后喝一杯咖啡提提神，然后坐在书桌前投入写作的举动就是你为此而形成的日常仪式。最终，通过日常仪式，我们开始有了动力。为了有效地打造日常仪式，我们应该怎么做呢？只要灵活利用以下几项原则即可。

1. 应当将小单位的行动转化成为日常仪式

日常仪式是激发行动的钥匙，它的作用仅是打开"那扇门"而已。至于走进那扇门后会发生什么，那是以后要考虑的问题了。有时候，我们用心写作，却写不出好的文章，或是想努力学习，却无法全神贯注。然而，动作一经开始并不断重复，你就会得到你想要的结果。让我们通过不断重复小单位的行动来形成自己的日常仪式吧。

2. 我们需要反复尝试，直到找到适合自己的日常仪式

每个人的个性都不一样。因此，重要的是，根据自己的目标，找到适合自己的日常仪式。**我们可以间接体验他人的方法，然后将其改造成自己的方法。要特别留意成功人士的日常仪式，然后尝试照着做。**通过模仿，我们会逐渐形成独属于自己的风格和日常仪式。

### 3. 首先确认自己真正想要的是什么

如果想有效地开启日常仪式，就得将日常仪式与自己的目标挂上钩。日常仪式能够将有意识的、反复发生的行为转化为无意识的习惯。如果我们的目标并不是我们真正想要的，那么在塑造日常仪式的过程中，我们会感到痛苦。

# 不行动的人，只会徒留悔恨

## "如果现在不去做，将来说不定会后悔！"

2013 年，就在我硕士毕业后动身去英国前，当时正在交往的恋人问我："别走了，找一份普通的工作，留在韩国不好吗？"虽然我也有过这样的想法，但我当时心意已决。于是我这样回答："现在不去的话，40 岁以后，我一定会后悔的。而且，我也不想在日后追悔莫及之时，因为这件事而埋怨你。"就这样，我去了英国，并且在那里度过了一段快乐的时光。虽然其中也有十分艰难的时期，但我对自己当初的决定并不后悔。

我之所以决定去英国留学，是因为几个在我看来十分重要的契机。第一个契机是我初中二年级时的一段经历。那时我正值青涩年华，喜欢上了一个女生。我们同桌了很久，身边的其他同学也觉得我们十分般配。然而，我那时十分害羞，直到进入新一学年，我都没敢向她表白。我曾在她家附近徘徊过许久，寒假①向其他朋友说起这件事时还号啕大哭。现在回想起来，自己那时还是初中生，确实什么都不懂。但对当时还是初中生的我来说，无法鼓起勇气表白简直是天大的问题。

当时的感受，我记忆犹新。随着岁月的流逝，我开始意识到，那时正是因为不敢采取行动，才留下了无法挽回的深深悔恨。当然，我并没有因为经历这件事而有太大变化，只是在心中暗下决心："如果再遇到喜欢的人，哪怕是被对方拒绝，我也一定要向她告白！"这个想法对于 20 多岁的我有很大的帮助。

第二个契机出现在我 17 岁那一年，那时我正处于高三。当时，我家境很不好。这种故事似乎很常见：父亲在我高中二年级时做生意失败，家里的房子被拍卖了；然后父母离婚，母亲带着我和哥哥住在两千万韩元保证金、月租 30 万韩元的商业住宅②里。那栋住宅的内部构造，我至今仍记忆犹新：推开 3 楼的铁门，就会走进一条楼道，我家就紧挨着楼道。

对于当时的我来说，家庭变故并没有带来太大的影响，但我还是以此为借口，变成了成绩很差的学生。其实，我也仅仅是从

---

① 韩国新学年开学通常在每年 3 月份，即春季学期。因此寒假结束后意味着新学年的开始。——译者注
② 下层是商业网点，上层是民用住宅。——译者注

一个平平无奇、成绩尚可的学生彻底沦为了差生。在高三课堂上睡觉是常有的事，成绩也开始一落千丈。当时的我并不认为自己一定要上大学，也不知道自己为什么要学习。在这种心态的影响下，我对自己的未来毫不在意。并且，我并不认为将来的自己会因为现在不好好学习而后悔。

然而，高考前一个月的某一天，我坐在阅览室里发呆，不知当时是何种心情，悔悟之情如狂风骤雨般席卷而来。我拽住同在阅览室的同学，哭了足足一个小时。我对于日益迫近的高考感到非常害怕。然而只剩一个月的时间，后悔能带来什么改变吗？当然什么也改变不了。

30天转瞬即逝，不知不觉间到了高考那一天。走出考场后，我路过学校门口，走在一段下坡路上，心情有些异样。我为这场考试承受了如此大的压力，付出了许多努力，然而，它就这样结束了，我感到很不真实。而且，当时我的脑海中还产生了这样的想法："无论怎么努力，时间还是会不断流逝。我没有理由沉湎于过去，拒绝做出行动。"

那之后，我的思维方式和行为方式发生了天翻地覆的变化。一直到高中时代结束，我因为怯懦和害羞，从来没有担任过班长或副班长之类的职务。然而，我想做出改变。为了改变自己，我走出的第一步就是，在进入大学前，在超过2000人参加的新生咨询大会上站起来发言。这场活动的主持人说，只要举手发言就会获得购物券作为奖励。我纠结万分，十分想举手。如果放在从前，我最后还是会放弃。然而那时，我不想让自己后悔，于是鼓起勇气，举起了手，然后走到了台上。

我和主持人聊了许多，甚至还在几千人面前开口唱歌。我都不知道当时的自己哪来的勇气，虽然我确实喜欢唱歌，但毫无准备地在那么多人面前唱歌仍然是不可思议的。如今回想起来，我当时完全没看清台下的观众，而且歌词也唱错了。然而，结束下台时，一切都还是原来的样子，和从前并没有什么不同。于是我暗暗决定：从现在开始，我不会再因为没有行动而徒留悔恨。

## 改变自己，改变世界

自那时开始，我生活的许多方面都发生了改变。我上大学时，虽然有分班，但大家还是一起上课，因此需要有人担任班长。班长是由大家从几个候选人中投票选出来的，而我也位于候选人之列。在进行自我介绍时，我说我就是那个在新生咨询大会上唱歌的学生。在彼此不熟悉的情况下，大家并不知道其实我很胆小，最终，我成功当选为班长。此后每遇到一件事时，我都会对自己说："我能行！我一定能行！"

光阴飞逝，转眼间我已拿到了工商管理硕士学位，毕业时修满了 45 学分，且每门课都得到了 A+①。回想大学时代和读研期间，我总是年龄最小的"老幺"，同时也是大家的"气氛担当"。虽然我筹办活动的经验为零，但我扪心自问是否能做到时，得到的回答总是"我一定能行"。然后，我就认真投入准备，担任每场活动的主持人，并且还成功策划过 150 余人参加的院系运动会。

虽然这些事情我之前一次都没做过，但我相信自己能做到；在遇到难以应付的问题时，我也得到了周围其他人的帮助，对此我十分感谢。

与其因为没有做出行动而让自己后悔——就像高中时那样惨淡收场，我选择付诸行动。当然，这并不意味着我在此后的人生一定是十全十美的。

曾经有一段时间，我一度失去了人生的目标，也没有任何作为。所幸，每到那种时候，那种苦涩的感觉就会重新涌上心头，推动着我有所行动。如果你想从现在开始不留悔恨，可以回想一下曾经的苦涩。如果不行动，一切计划和目标就只是白日梦，永无照进现实的那一天。

---

① 韩国的大学对于学生成绩评定采用相对评价的方式，一般分为 A+, A, B+, B, C+, C, D+, D, F 这 9 个档次，换算成百分制时，A+ 相当于 95~100 分，是最优秀的等级。
——译者注

你是否希望通过思维整理，达到自己想要的目标，成为自己想成为的模样？那就从整理自己的内心开始吧。然后，将自己的想法用文字表达出来，进行逻辑思考。在设立目标前，你需要了解自己的现状，然后据此设定一个具体详细的目标，并为之行动。请相信，你在不断重复这些步骤时，也会为自己开创出一片新天地。在接下来的人生之路上，你或许会遭遇无数次失败，但从现在开始，请将失败视作一种反馈，一种从失败中发现漏洞并进行弥补，推动你前进的良性反馈。

玛雅·安吉罗（Maya Angelou）曾因亲身经历过种族歧视和种族隔离而一生投身于民权运动，并在 2011 年被时任美国总统奥巴马授予"总统自由勋章"。她在童年时期接连不断地经历了难以言说的苦难。她在自己的畅销书《我知道笼中鸟为何歌唱》（*I Know Why the Caged Bird Sings*）中坦然地讲述了自己所经历的种族歧视及其带来的伤痛。此书连续两年登上美国的畅销图书排行榜，被列为美国青少年的必读书目。

安吉罗是一只被囚禁在黑人、女性以及贫困的身份牢笼中的鸟儿，但她没有放弃希望，一直到生命的最后仍致力于正义、教育以及民权运动。她说过这样一句名言：

If you don't like something, change it. If you can't change it, change your attitude.（如果你不喜欢某件事，那就去改变它；如果你不能改变它，那就改变自己的态度。）

# 如何计算选择的机会成本

## 时光一去不复返

安东尼·罗宾（Anthony Robbins）①是一位世界级潜能开发大师，也是一位励志演说家，同时还是一名成功心理学家。他在自己的著作中对"The Niagara Syndrome"（尼亚加拉综合征）这一术语进行了阐述。他将我们的人生比喻为一条长河，我们有时会毫无准备地跳进河中，将自己交予流动的河水，漫无目的地随波逐流。遇到分岔口时，我们也不知道该去往何处，与其他跟随水波流动的人一样，得过且过。突然有一天，眼前出现了一处巨大的瀑布。然而，等到我们发现时，瀑布已近在咫尺，我们避无可避，最终从瀑布上重重地跌落下来。

你知道韩国在 20 世纪 90 年代播出过的一档知名电视节目

---

① 近来也以 Tony Robbins 的名字被人熟知。

《人生剧场》<sup>①</sup>吗？搞笑艺人李辉才在节目中向我们展现了在特定情境下做出的不同选择会引发的两种不同结果。他的"好的，就这么决定了"也成为当时的流行语。《人生剧场》生动地向我们揭示了人生的真相：所有人生经历，都是一个个选择的结果。

然而，我们在现实生活中，无法像在节目里那样有重新选择、重新来过的机会。我们做出的每一个决定都在影响着未来人生的走向。这在我们进行决策时造成了很重的心理负担，这种心理负担最终发展成为安东尼·罗宾所说的"尼亚加拉综合征"。

说到人生选择，你想到的大概是做出重要决定的那些瞬间。然而，那些日常生活中微不足道的选择，才真正构成了我们的人生。假设你想在晚上 11 点吃夜宵，于是你拿起手机，犹豫要不要点一份炸鸡外卖。你为什么会犹豫呢？可能是因为那天早晨你发现自己长胖了，裤子穿起来有些紧了，你下定决心要开始减肥。或者是，这个月的支出太多，你决定省点钱。许多因素都在动摇着你的决定。

除此之外呢？买什么样的车，在大学里学什么专业，为了就

---

① 韩国 KBS 电视台从 1993 年 11 月开始播出的综艺节目。全名为"超级明星的人生剧场"。——译者注

业该考取什么证书，要不要参加托业考试，该不该辞职，要不要下班，要不要开始做油管博主等，让人们翻来覆去为之苦恼的决定数不胜数。

在电影《哈利·波特与阿兹卡班的囚徒》中，赫敏拥有异常强烈的求知欲，以至于一节课也不愿意错过，为此，她通过"时间转换器"来倒转时间，以便能同时听好几节课。她借助魔法的力量，实现了"鱼与熊掌兼得"。然而，我们都知道，这只有在魔幻电影中才是可能的。

我们的时间是以直线形式流逝的。在电影中，过去的赫敏和未来的赫敏能够在同一场景中同时出现，但在现实中，时间不可能像这样以并列的方式存在。线性时间使我们的选择不得不遵循一定的经济学逻辑。最终我们都会面临一种取舍：一旦选择了一件事，就得放弃另一件事。在这里，借用经济学术语来说就是，"机会成本"对选择有着重大影响。

如果用数字表示，机会成本其实很好理解。假设小王在超市打工。在一个休息日，小王接到了店主的电话，店主有点急事，临时找小王去超市工作 2 小时，而且愿意付给小王两倍的时薪，也就是 30 元 / 小时。然而，在这个时间段，小王刚好有一部十分想看的电影，而且十分重要的是，这是最后一个在电影院看这部电影的机会。小王为此十分苦恼：该选择工作 2 小时拿取双倍时薪，还是抓住最后的机会看电影呢？最终，小王选择了看电影。然而，由于电影太过乏味，小王开始后悔——如果这段时间用来打工就好了。在这种情况下，小王损失的机会成本就是 60 元的收入。

机会成本导致的后悔使我们在做选择和决定时犹豫不决。"如果这次我选择错了该怎么办""不知道哪种选择才是对的""很难决定该选择什么"，这样的想法会使我们在做选择和决定时一再推迟、拖延，最终，我们会干脆放弃或者将选择的主动权交给别人。

选择大学专业时，许多考生连自己想做什么都不知道。选择这个专业吧，就业率堪忧；选择其他专业呢，担心自己学不好。这时，考生常常会以他人的评价、未来就业是否有保障为基准进行选择。这是对人生机会成本的一种挥霍。

## 选择与机会成本的计算

如果将备选项换算成数字来计算机会成本，会怎样呢？如果我们选择收益最大的一项，是不是就不会后悔呢？实际上，许多自我启发类书籍以及有关决策的格言警句都推荐这样一种方法：设定一个标准，然后根据标准对选项进行打分，最后选择分数较高的那个选项。而且在设定标准时，并不是所有的标准都要按照同等的比重来计算，而是要根据对自己而言的重要程度进行加权计算，最终得出分数。这样一来，你就能做出收益和满意度都最大化的选择。

假设你打算买房，正在 A 和 B 两套房子之间犹豫不决。而且凑巧的是，两套房子的价格完全相同。按理说，只要比较剩余的其他条件就能搞定。

你在买房时，比较在意的有以下四个方面：交通是否便利、房子的面积、教育环境、周围的便利设施。接下来，你只需要基于这四点进行取舍即可。然而，如果论交通的便利程度，B 更胜一筹；如果论教育环境，A 的条件更优。这样一来，又产生了新的问题——在交通和教育两个维度中，该选择哪一个？针对这种情况，我们需要绘制表格，依据重要程度，赋予每个维度一个数值，然后与重要程度相乘，算出最终得分（见表 2.4）。

表 2.4　买房时机会成本的计算

| 买房的决定因素 | 重要程度（满意程度） | 房子 A（1~10分） | 房子 A 的最终得分 | 房子 B（1~10分） | 房子 B 的最终得分 |
|---|---|---|---|---|---|
| 交通便利程度 | 5 | 6 | 30 | 9 | 45 |

续表

| 买房的决定因素 | 重要程度（满意程度） | 房子A（1~10分） | 房子A的最终得分 | 房子B（1~10分） | 房子B的最终得分 |
|---|---|---|---|---|---|
| 房子面积大小 | 3 | 5 | 15 | 5 | 15 |
| 教育环境 | 4 | 9 | 36 | 7 | 28 |
| 周边便利设施 | 2 | 6 | 12 | 5 | 10 |
| 最终得分 | | 26 | 93 | 26 | 98 |

如表格所示，房子A与房子B在加权前的得分都是26分，但是，与相应的重要程度数值相乘后，房子B的得分比A高出5分。根据这个结果，选择房子B能够获得更大的收益。

像这样，将需要考虑的各个维度转化为相应的数值，从经济学角度进行比较会更容易。然而，这会产生新的问题。如果不是买房这样的事情，而是选择大学专业或考虑是否辞职，将很难确定要考虑哪些因素，也很难确定每种因素的重要程度。而且，这是对未来的事情进行预想，情况随时可能发生变化。

我就遇到过这样的问题。有一天，我看到一门为期10个月的营销培训课程，这刚好是我感兴趣的领域。这门课程由一家品牌咨询公司的三位代表共同讲授，其中一位是我仰慕许久的人物，因此我非常想参加。然而，课程费高达300万韩元（约合人民币18 000元），而且需要投入长达10个月的时间。我感到很苦恼，不知道到底该不该去听这门课。

如前所述，我把各种因素放到一起进行了比较，但得出的结果却不一致：一次是应该去听，一次是不应该去听。受到我的主观感情的影响，标准一直在变。我也询问了几位朋友的意见，但是2周过去了，我依然未能做出决定。最后我想：既然是想听的课，那就去听吧。

但是，一觉醒来后，我又变得非常冷静，强烈地认为自己不应该去听这门课。于是，我不再苦恼了。这门课之于我想做的事情并没那么迫切。

就这样，我终于做出了决定。

数值计算法显然有助于做决策。然而，要想使这种方法发挥作用，我们首先要整理好自己的思维。思维整理包括以下逻辑活动：设立目标，收集资料，进行有效分类，从重新排列的信息中决定最先要做什么。此外，"内心整理"也属于思维整理，可以确定我们人生中处于优先位置的价值和目标。

总的来说，如果没有内心整理，我们在进行决策时，标准就会一直摇摆不定。如果我们能整理出自己处于优先位置的价值，确定好人生方向，某一瞬间我们就会顿悟，为了更加长远的未来，我们应该做出怎样的取舍。

# 如何征询别人的意见

## 我是以说服自己为目标的专业推销员

有些人是推动人们行动的专家。当人们因无法做出决定而苦恼不已时，他们会在旁边予以刺激，促使人们快速做出决断。为了撼动人们的情感，他们会使用激烈的或感人的话语，也会动用各种统计数据、颜色鲜明的图表等。他们一旦开始尝试，就绝不会因为人们的无动于衷而轻易放弃。他们会不停地想办法，再三说服人们做出某个决定。

他们是谁呢？也许你已经想到了答案，他们就是推销员。以英语教育行业为例。这一行业的竞争相当激烈，投放的广告也是争奇斗艳。如果地铁站的广告牌上贴满了某家企业的广告，看到这些广告的人们就会记住这家企业。而且，这家企业的推销员也会在线上和线下不停刺激人们产生"我也要认真学英语"的想法。

企业要想生存下去，就要不停地采取行动，说服一个又一个的人。如果不这样，它的生存就会面临危机。然而，个体的行动并不像企业的行动那样积极，甚至有时个体什么都不做。我在为一些人做咨询时，常常感到吃惊——他们也会因为想做点什么，不知道如何决策而纠结，但他们并没有为说服自己而采取什么行动。

假设一个人下定决心要减肥。他决定每天晨跑，少吃零食，同时减少饭量。然而实际上，在做出决定的第二天早晨，他被闹钟叫醒并起床后，感到跑步很麻烦，于是转身躺下继续蒙头大睡。在公司里，他也若无其事地和往常一样吃零食，吃晚饭时还和朋友一起喝啤酒。晚上入睡前，他又在心里反复念叨："明天早晨一定要出门跑步，而且一定要少吃零食。"然而，到了第二天、第三天，他还是没能出门跑步。他没能说服自己采取行动，也没有进行任何准备。想必大家对此皆有体会，那就是人类的意志力并没有那么坚定。

他该如何做，才能成功说服自己呢？他应该把自己想象成一位推销员，一位将"我"作为唯一客户的推销员。为了说服自己，穿着晨跑运动服入睡是一个不错的办法，这样可以省去早晨起床后的烦琐准备，逼自己走出家门。此外，为了找到适合自己的食谱，还可以查找相关纪录片。它们都能有效刺激我们采取行动。

为了说服自己，我们不能忽略对信息的掌握。人生中并不存在所谓的"不后悔的选择"。然而，如果你想尽力减少后悔，就要掌握有利于你做出选择和决策的有价值的信息。正如信息是决定一家企业兴衰存亡的重要因素，信息也是决定我们未来人生道路的最关键的因素之一。

## 如何决策：切勿局限于已知的信息

然而，信息一直是不对称的。尤其在我们不熟悉的领域，信息不对称更加严重。假设你打算买一辆二手汽车。大多数买家无法对于二手汽车的性能、是否发生过故障以及零件的情况做出判断。如果有人将价值 2 万元的汽车哄抬到 6 万元出售，我们将无法确定卖家提供的信息是否可信。这关系到我们的所有行动。那些认为自己难以做出决策的人，其实是未认识到自己所拥有信息的局限性。

有一位即将毕业的韩国大学生打算找工作，但是他并不打算在韩国上班，而是希望到其他国家或地区工作。然而，真的考虑出国工作时，他却不知道应该做什么，而且对于独自应付国外的生活忧心忡忡。就这样，他在"留在本国工作"与"出国工作"两个选项中摇摆不定，浪费了很多时间。周围的朋友劝他果断一点，但他总是踌躇不已，迟迟无法做出决定。他认为，自己之所以无法做出决策，只是因为没做好思想准备。他为此浪费了好几个月时间。

他的问题出在哪里呢？他的问题在于，他只想根据自己现有的信息进行决策，并没有为了说服自己而采取任何行动。他头脑中的信息可能只是妄想，他对于在就业市场上会遇到什么问题一无所知。所幸，几个月后，有位朋友看不下去了，将自己在国外工作的一位朋友介绍给了他。他在与那个人交谈的过程中逐渐树立了自信："我也一定可以做到。"通过朋友的圈子，这名大学生获得了新的信息，还与不同的人进行了交流。最终，他成功地在国外找到了工作。

为了说服自己，有很多种收集信息的方法。第一种方法是，自己去体验。在面临重要决策之时，先亲身体验一番非常重要，即使时间很短，也会有很大的帮助。在众多餐饮业创业者中，毫无餐饮业从业经历的人多到超出我们的想象。如果你对长期留居国外感到畏惧，不如先制订一个1~2个月的计划，短暂体验一下。这虽然会产生额外的支出，但比正式出国后再后悔好很多。另外，你如果想开启新的职业生涯，不妨在正式递交辞呈前，利用空闲时间体验一下。如果你盲目地辞职后才发现新工作并不适合自己，那打击之大将令人难以承受。

第二种方法是，通过读书和与人交流来获取信息。虽然亲身体验是获取一手信息的最好办法，但我们不可能每件事都尝试一遍。这时，我们可以向那些有过相关经历的人"取经"。如果你想挑战全新的工作，就可以读两到三本与之相关的书。虽然靠几本书获得的信息十分有限，但如果连这种付出都没有，就很难取得一定的成就。如果你觉得读书还不够，就去见一些有相关经历的人。虽然与人约见比读书更费时费力，但是面对面听到的故事能使你获得更有价值的信息。

第三种方法是，灵活利用视频信息。当今世界正在迈向"视频时代"，看视频的人比读书的人多得多。毫不夸张地说，生活中几乎所有的事物，只要你能想到的，都能在视频网站上找到。当然，视频内容都是由个人创作并上传的，因此，我们在接收信息时要有所取舍。

一定程度的信息收集有助于我们更加轻松地做出决策。然而，如果你仍然感到无从下手，就可以尝试组建一支专属的"红队"。

"红队"是一种开会技术，不管我提出怎样的想法，"红队"都会针对我的想法质疑。而我在聆听"红队"的否定意见并进行反驳的过程中，能够发现自己的缺点，从而不断改进和提高。"红队"也适用于我们自己的人生。

面临重要决策时，请将征询意见的人锁定为6人，无论是父母、朋友，还是老师、家人。向他们说明自己的处境，并聆听其中3个人的意见，然后请另外3个人从相反的立场进行指点。对人数的要求不是死规定，如果你有想寻求意见的人，就应该去请教。

关键在于，在所有寻求意见的人中，一定要与其中几个人打好招呼，请他们站在反对的立场给出看法。经过"红队"的检验后，我们就能知道自己掌握的信息是否足够、是否有帮助，以及自己在做决策时是否有不足之处。

# 选择困难症是如何形成的

## 点菜时"什么都行"

2019 年 1 月 1 日，韩国坡州的一家咖啡馆将保存在谷歌相册里的照片按月份整理成了一份 2018 年事记，同时配有简短的文字，还对未来 10 年进行了规划和构想。

我在思考未来会发生什么的过程中，选择了"Farmer's dream"作为我未来 10 年的主题词。"Farmer's dream"意为"农民的梦想"，当然，这并不是说我要真的成为农民。农民种地遵循一定的周期。犁地、播种、浇水、除草，然后收获、加工、售卖，之后又从犁地开始，进入下一个循环。但是，有太多的外部因素是农民无法控制的。

不过，面对不断变化的自然环境，农民仍然会不断努力，尽力取得最好的结果。我认为，自己的未来 10 年也是如此。我用心播种、勤勉浇水，拔除杂草，调节合适的温度，以达到自己所期望的目标。

然而，外部干扰因素实在是太多了。尽管如此，我仍然会不屈不挠，努力想办法解决问题，直至收获最棒的成果。这就是我将未来 10 年称为"农民的梦想"的原因。

也许有人会质疑：既然我们对世界如何变化、明天会发生什么一无所知，那么有必要制订 10 年计划吗？我们要明白，制订计划并不意味着我们要无条件地严格按照计划执行。制订计划，是绘制自己未来的蓝图。

长期计划旨在最大限度地想象自己在遥远未来的模样，并以年计划、月计划、日计划来灵活应对变化，逐步达成目标。如果你问我，是否每天的生活都能有条不紊地按照计划执行，那么坦白说，不是的。有时候我会偷懒，有时候我会想要放弃，有时候我也会对自己丧失信心。然而，当我发生动摇的时候，长期计划又能将我重新带回正轨。

为了做出重要的人生决策，我们需要持续不断地进行思维整理；为了进行个人的内心整理，我们则需要不断地提问，并且尽可能向其他人公开。公开计划会对我们施加一种无形的约束力，这种约束力就是责任。

无论计划多么宏伟，如果我们没能遵守与自己的约定，不为自己的言行负责，所谓的计划就不过是妄想。

　　然而，那些陷于所谓"选择困难症"的人们并不清楚自己的责任，更不会承担责任。当被问及想吃什么时，他们也无法做出选择，只会回答"什么都可以"。或许这种回答是为了照顾对方的口味，但在大多数情况下，这样的回答只是因为自己难以做出决定，而将选择权让给对方。

　　为什么有些人总是难以做出决定呢？一名德国记者将选择困难症高发的年青一代称为"maybe一代"。让我们用脑科学来分析一下"maybe一代"。韩国的郑载胜博士曾在一期电视节目中指出了选择困难症的三个原因。第一，随着选项的增多，对未选择的选项愈加感到留恋或遗憾。第二，做选择的经验不足。匮乏感才会带来选择的冲动。也就是说，只有内心的需求十分迫切时，果断选择才是可能的。然而现实又是如何呢？我们从小到大已经习惯了父母为我们准备好一切，所有的选择都有人替我们做。第三，韩国社会环境使然——失败意味着彻底完蛋。我们没有为失败者准备的复活赛。正如"地狱李朝"①一词所揭示的那样，我们的生活环境实在太苛刻了。

① 李朝即李氏朝鲜（1392—1910年），是历史上存在于朝鲜半岛的封建王朝。"地狱李朝"是近年来出现并活跃于韩国社交网络及青年一代中的新造词，影射了无论个体如何努力也难以生存下去的韩国社会现实，将韩国讽刺为地狱一样的存在。——译者注

# 出生于考艾岛的 833 个孩子

我们应当感到庆幸吗？因为造成选择困难症的原因更多地来

自外部环境，而不是我们自己。外部环境不是我们能轻易改变的，

因此接受起来更容易。然而，我们不能一味地被动接受外部环境，

而应该尽己所能去改变它。比如，有些人创业时会构想出一套商

业模式来解决问题。方法其实有很多，但所有的方法都是通过接

受外部环境而逐渐实现的。**接受自己所处的环境，做自己能做到**

**的事情。**

为了摆脱选择困难症，我们要学会为自己的选择负责。如果

你惧怕失败，那就从接受失败开始练习。总想一蹴而就，根本不

可能实现自己的目标。**如果你以前总是将选择的主动权交给别人，**

**那么从现在开始，请有意识地尝试自己做选择，然后将你的选择**

**告诉其他人，对自己施加一种无形的约束力。**

之后，你要为你的选择负责。如果你没能遵守与自己的约定，

请不要过分愧疚，问题并不在于你自己。你可以趁此机会尝试制

订更详细的计划，并在自己的能力范围内寻找可行的办法。你还

可以征求他人的建议或请求他人的帮助。在你自己主动放弃之前，

并不存在什么失败。

要对自己的选择负责，你就要相信自己。然而，相信自己比

相信别人更难。不过，有些人却在极端困难的情况下，靠相信自己而取得了一番成就。夏威夷附近有一个小岛，名为考艾岛。岛上风景优美，曾是电影《侏罗纪公园》的取景地。然而，在大约70年前，这座小岛面临着严重的社会问题。大量人口失业，酒鬼与赌徒肆虐，不良少年与未婚妈妈"批量生产"……大部分社会问题在这里都有发生。

在考艾岛上曾进行过一项实验。为了研究出现社会不适应者的原因，研究人员对考艾岛上 1955 年出生的 833 个孩子进行了调查，还对其中处境十分恶劣的 201 个孩子进行了专门研究。这项实验持续了 40 年。研究预测，生存条件最恶劣的 201 个孩子会毫无意外地成为新一代社会不适应者。

然而，该研究的负责人埃米·沃纳（Emmy Werner）博士发现了一个例外。

其中一个孩子的父母分别只有 19 岁和 16 岁，而且母亲抛弃了他离开了考艾岛，父亲退伍后，每天只顾着与祖父吵架。与预想不同的是，这个孩子虽然生活在如此恶劣的家庭环境中，长大后却成了一个十分优秀的人。他充满自信，而且在有着"美国高考"之称的 SAT 考试中取得了高分。他在校时任学生会会长，表现出极高的领袖力，后来拿到了奖学金，进入加利福尼亚大学深造。

也许这个孩子只是孤例。带着这个问题，沃纳又调查了其他孩子长大以后的情况。

在 201 名属于高危人群的学生中，拥有自我效能感[①]并且长大成才的孩子居然多达 72 人。当时，该实验已经进行了 20 余年，这一发现使得研究人员改变了研究的方向——究竟是什么使得这 72 个人在逆境中坚持了下来？

不管遇到多么艰难的事情，他们都会像落到地板上的皮球一样触底反弹，重新回到高处。这种能力被称为"弹性恢复力"。这些孩子共同具备的最重要的素质是什么呢？人际关系。不管发生什么事，每个孩子背后都有至少一个全力支持他们的人。至于那个人是谁并不重要，也许是父亲，也许是祖母，也是朋友或老师。正是因为背后有支持者，他们开始相信自己，获得了触底反弹的力量。

选择的后果应该由本人承担。此外，支撑我们不断前进的力量，来自"那个相信自己的人"。你能够热切地感受到那个人给予自己的力量。为了看不见的目标而前进时，你会感到孤独，备尝艰辛，陷入不安与动摇。

然而，无论最终结果怎样，正是因为有相信自己的那个人，

---

① 人们对自身能否利用所拥有的技能去完成某项工作行为的自信程度，由美国著名心理学家班杜拉于 20 世纪 70 年代提出。——译者注

你才不至于放弃，继续向前。

也许你会认为自己并没有"那个相信自己的人"。绝非如此。信任虽然来自对方，但如何接受对方的信任则取决于你。我们只有信任别人，才能完全接受别人传递的信任。当你决定信任别人时，请看一看你的周围。你会发现，原来信任你的人非常多。

# 奔向自己的朝圣之路

## "待到朝圣之路呼唤我时，我一定会奔赴它而去"

人生在世，谁都会面临需要做出选择的一刻。每个选择会带来喜悦，也会让我们陷入一团糟。比如几年前，我自己的一次经历就是这样。

"3年后，我一定要去圣地亚哥。"2015年12月，我参加了旅行学院举办的一场主题为"走近金炅禄"的迷你演讲。我非常喜欢听演讲，喜欢结识朋友，因此，一个月来，我就像住在旅行学院所在的首尔站周围一样。当时我与许多人都有过交流，以至于被戏称为"非正式学生会会长"。在听知名旅行家的讲座时，我的脑海中突然冒出了这样的想法：一起聆听讲座的其他听众也有他们自己的人生故事。因此，我要拿出时间来听一听他们的故事。

出于这个原因，我想分享自己故事的欲望越来越强烈，为此我准备了一次迷你演讲。在演讲中，我以年为单位，分享了自己过去 10 年的经历。虽然我担心人们对我的人生经历未必感兴趣，但幸运的是，还是有十几个人坐在观众席，认真地听我讲述自己的故事。能与他人分享我的故事，我感到无比幸福，就在那一天，我做了一个重要的决定：去圣地亚哥。

演讲的最后一张幻灯片是圣地亚哥朝圣之路的照片[①]。朝圣之路位列我最重要的愿望清单。按照我的预想，在结束两年的英国生活回到韩国前，我是一定要去一次的。然而，由于我的健康状况恶化，这个愿望最终不了了之。什么时候去一次朝圣之路，成了一件悬而未决的事情。如果不敲定一个明确的出发时间，我大概真的去不了了。因此，我在演讲的最后说道："从现在开始，我会在接下来的 3 年里尽力做好我的工作。3 年后，我一定会踏上圣地亚哥朝圣之路。"

这只是一个我与自己的约定。转眼到了 2019 年，也就是约定的三年之期到了。那么，我真的要踏上朝圣之路吗？答案是不去。至少在今年，我暂时不打算去了。我的判断是，就算现在去了圣地亚哥，我也无法产生满足感。而且，我未来的人生目标越来越

---

① 穿越法国南北，最终到达位于西班牙的圣地亚哥的长达 800 千米的"法国之路"是其中具有代表性的一条路线。

明确，做出放弃朝圣之旅的选择对我来说并不困难。但这并不意味着我彻底放弃了圣地亚哥。我经常这样说："待到朝圣之路呼唤我时，我一定会奔赴它而去。"

还有一次选择发生在 2013 年。我在研究生毕业后，没有选择就业，而是决定去英国。那时我常说的一句话是："如果我现在不去，那么 40 岁以后，我一定会后悔的。"后来，这句话成为我做决策时重要的参考标准。那次关于圣地亚哥朝圣之路的选择也是如此。"如果我现在不去，40 岁时会后悔吗？"当我这样问自己时，得到的回答是："恰恰相反，如果我现在去了，那么到了40 岁，我一定会后悔的。"

一切选择都与后悔相伴相生，亦与取舍相随。毫无后悔的选择是不存在的。我们只是在一边说着"我不后悔"，一边做出选择罢了。那么，怎样做才能更有利于我们做出不后悔的选择呢？我在前文提到，选择是有机会成本的，而时间又是直线向前、不可逆转的。如果我们认为时间是线性的，那么在面临选择时，我们就会放弃一些选项，而且误以为那些被舍弃的选项会就此彻底消失。

然而，如果我们把当前放弃的选项放到未来，就不算真的放弃了。这样一想，我们做选择时就不会有太多犹豫。当然，我们只有了解自己真正想要什么，并对自己的人生进行整理，才能确定优先次序。总之，我们在做决策时，应当摒弃非黑即白的思维习惯。

从两三年前开始，YOLO（You only live once）一词逐渐流行开来，意思是"享受只有一次的人生吧"。在严酷的生存环境中，YOLO 一词刹那间引起了大范围的社会共鸣。刚开始接触 YOLO 一词时，我认为它非常有个性：它鼓励人们活在当下，活出自己真正的幸福。

然而，许多人却将 YOLO 作为过度消费或随心所欲的借口。在日益艰难的经济大环境下，比起宏大的梦想，追求"小确幸"的社会文化掀起了热潮。虽然我们在时代的变化面前无能为力，但我还是深感遗憾。

## 我们需要"青年学校"

请不要误会，YOLO 绝不是主张为了未来而必须"现在学习，现在准备"。如果你想进行内心整理，进行思维整理，你就要尽量丰富自己的阅历。如果你有想做的事情，就一一挑战一下吧。在这些经历中，你可以不断询问自己感受到了什么，想要什么。大多数韩国人都没体验过间隔年（gap year）。间隔年是欧美等地区的高中毕业生在进入大学前，深入认识自己的时间。在间隔年中，他们一般会尝试自己想做的事情，很多人还会周游世界。

在丹麦，这种体制更健全。如果你初中毕业后升入高中前，对自己的未来感到迷茫，可以在一种寄宿制高中，也就是青年学校（Efterskole）中花一年的时间学习、探索自己的能力倾向；如果你高中毕业后不知道自己应该做什么，可以选择就读民众学校（Folkehøjskole），并尝试自己想做的事，这对决定自己未来的方向很有帮助。

当然了，这种文化和制度的出现源于福利制度对于日常生活的保障。但是，就一味强调经济发展的韩国而言，要想在文化、心理方面进行类似的尝试是相当困难的。然而，我们不能因为自己人生的机会成本比丹麦人的更昂贵而就此放弃。

近几年来，上班族中掀起了一股"辞职热潮"。有的人宣称辞职是自己的梦想，就连入职没多久的新人辞职的情况也在增多。许多人辞职时，声称职场并不是自己想要的地方。我认为，在这段以"人生"为名的旅途中，正是没有时间去体验间隔年的环境致使"辞职"一词备受热捧。

然而，他们之中有多少人在辞职后去做了自己真正想做的事情呢？实际上，我周围辞职的大部分人，后来都重返职场。一些人认为再次回归的职场生活很适合自己，并对此感到满意。这是因为，职场外的生活重新塑造了他们的人生观。一些人能够做到工作与业余爱好并驾齐驱，并正在从中汲取乐趣。他们在工作之外的领域里，找到了自己真正的快乐所在。然而，大多数人在辞职后，还未能认真考虑自己真正想做的事情，就出于经济原因而不得不重返职场。工作在他们这里成了一种赚钱的手段。

工作确实是赚钱的手段。但是，如果你无法埋首于现在的工作，也无法从中寻找到意义，那么你超过 1/3 的人生就只能在满腹牢骚中度过。我这样说并不是想让你辞职后去创业。我想说的是，**你需要一种就算身处职场也能够幸福生活的能力。**

我们需要进行内心整理。你应该拥有一段属于自己的时间，哪怕只有一个月，或者至少抽出 3 天的时间。当然，对上班族来说，请一天假已经十分不易；对背负着家庭责任的顶梁柱来说，拿出 3 天的时间实在太难了。尽管如此，你必须有一段完全属于自己的时间，并且，你反而会因为这段时间而有沉甸甸的责任感。不要盲目辞职，而是要与当前处境中的人们或者与公司谈一谈，三思而后行。你一定会找到解决办法的。

如果你现在还是学生，你就更应该珍惜投入的这一年时间。如果没有人为你提供帮助，你也可以做点其他的事情，从长计议。如果家人能为你提供帮助，你就要大方地接受。而且，你要最大限度地利用自己的资源。父母提供的帮助对你的成长起着巨大的杠杆作用。**你可以将自己当作推动自己成长的支点。**当然，接受父母的帮忙，可能会让你心理上有负担。不过，稍微自私一点也无可厚非。只是，你要充分利用好这个机会来了解自己，让你的人生少一些后悔和遗憾。

许多人都不知道自己想做什么，想要什么。显然，他们用来了解自己的时间还太少。只有不断经历，不断认识自己，才能明确自己是谁。无论做任何选择，后悔都是无法避免的。既然如此，那就付出行动以后再说吧。不行动的话，你会后悔一辈子。

# 第三章

## 告别无序：思想依靠表达实现

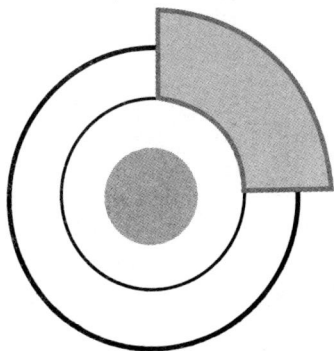

# 清晰的文章源于清晰的思维

## 不求辞采华美，但求逻辑清晰

到现在为止，我们已经了解了大脑清理和思维整理的很多方法。接下来，是时候进入下一个阶段了：如何表达自己的想法。思想最终还是要靠文字和语言来表达。就算你有很好的想法，如果你不能很好地表达出来，那也没有用。我们通过语言与自己对话。只有当表达精确、有效时，思维才得以实现。

我们大概都有过这种奇妙的经历：坐在书桌前打算写点什么，结果只是盯着电脑屏幕上一闪一闪的光标发呆。几个小时就这样悄然流逝。然后某一天，手指突然魔法般地开始自动打字。当然，人生中这样的时刻为数不多。就连职业作家也说，写作并不是一件容易的事，否则怎么会有"写作要靠屁股完成"[①] 这种话呢？

---

① 在没有灵感或是不情不愿，但是必须写出什么的情况下，自己可以长时间坐在书桌前，强迫自己写作。这也是一种提高写作产量的方式。——译者注

但问题是，在日常生活中感受到写作之艰难的人实际上并不是职业作家。为了获得好的分数或制作一份漂亮的简历而把日程安排得满满当当的学生，需要在职场上撰写企划书、报告书等无数文件的上班族，筹备创立新公司的创业者，他们都需要在短时间内写出有成效的文章。那么，职业作家写出的文章与这些普通人写出的文章有什么不同吗？虽然在我们身处的大环境中，每个人都可以通过各种各样的渠道成为作家，但还是有必要对写作进行基本的分类。

写作大致分为两种：一种是文学性创作，一种是实用性写作。文学性创作包括诗歌、小说、戏剧、随笔等，实用性写作则包括新闻报道、专栏、评论、社论、企划书、报告书、实用类书籍等。文学性创作与实用性写作的最大差别在于，前者可以不合乎逻辑，后者则需要遵循逻辑，否则价值将会大打折扣。

文学性创作能够唤起不同读者的不同情感，与之相反的是，大部分实用性文本向人们传递的信息却是固定的、明确的。有"实用性写作达人"之称的韩国作家柳时敏在自己的著作和演讲中说道，如果没有天赋，从事文学性创作会到处碰壁；然而只要努力，每个人都能进行实用性写作。

人们之所以在写作中遇到问题，往往是因为在撰写实用性文章时，却想展现自己的文学写作水平。在撰写报告书或撰写个人汇报时，人们往往认为，个性鲜明、文采出众的才是好文章。对实用性写作来说，展现出艺术特性的文章真的就是好文章吗？当然，确实会有人将文章写得极富艺术性，但我们需要的是，站在读者的立场上写出"逻辑清晰"的文章。

这样的文章对于达成写作者的目的非常重要。归根结底，实用性写作的主要目的在于交流和沟通。在特定的情况下，相较于30页的长篇大论，1页令人一目了然的报告更称得上是好文章；相较于难懂的汉字词①和专业名词，深入浅出、通俗易懂的报告书更容易说服对方。基于这种目的对文章进行分类，就能得到"为了自我表达而写的文章"与"为了与人交流而写的文章"两种类型。在这里，我们着重介绍"为了与人交流而写的文章"。

## 写作就像金字塔

麦肯锡有史以来第一位女性顾问芭芭拉·明托（Barbara Minto）曾在其著作《金字塔原理》（*The Minto Pyramid Principle*）一书中，推荐运用金字塔结构进行写作，以便对方理解。当你以金字塔形式组织文章时，你就可以对一个主题进行"自上而下"的展开，

---

① 韩国语中的一部分词汇直接或间接经由中文演化而来，称为汉字词。大多数汉字词的发音、表意与对应的汉字接近，但是对于缺乏汉语基础的大部分韩国人来说，对汉字词的使用和理解存在一定难度。——译者注

写出一篇逻辑清晰的文章。金字塔原理也与我们先前介绍的逻辑树有异曲同工之妙。

金字塔原理写作示例：


第一行：运用金字塔结构写作

第二行：围绕某个主题展开行文／适用于所有文书写作

第三行：纵向思考连接主题／演绎推理、归纳推理／报告书／企划书／计划书

第四行：能够通过问题找到答案／读者通过纵向思考的形式接收信息／实现逻辑对应

第五行：六何原则／一般的文书都以直线结构写成


如果你遵循金字塔原理进行写作，你就可以写出一篇不偏离主题的文章。通过纵向思考，你可以找到各个主题之间的联系。纵向思考通过抛出与主题相关的问题，来寻找符合逻辑的答案。提出问题时，要运用六何原则，这也与读者接受文章的原理是一致的。这是因为，一般来说，大多数实用性文本都是按照直线结构写成的。另外，针对某一主题，你可以运用演绎、归纳的方法来进行逻辑上的对应。这适用于所有的实用性类文本，包括报告书、企划书、计划书等。

像这样，金字塔结构一旦形成，我所要表达的主张和目的就会出现在金字塔的最顶端。此外，无论读者是否赞成作者的主张，都能很好地领会作者的观点。最后，逻辑树不仅可以用于寻找问题和解决方案，也能在组织行文时发挥基本的骨架作用。

在正式动笔前，我们需要对文章有一个判断：究竟是为打动他人而写的文学作品，还是目的清晰、指向明确的实用文。然后，按照同样的逻辑，我们需要明确自己的文章是为了自我表达而写，还是为了与人沟通而写。这时，你就不再是毫无章法的作者了，而是文章自笔尖流淌而出。

# 六何原则 VS 七何原则

## 第一步：打造一个专属的"思维抽屉"

读了关于写作的书，你会发现所有书都在强调同一件事，那就是，只有多读书，才能写出优秀的文章。总之就是，如果缺乏素材，写作就会困难重重。撰写报告书、企划书时也是如此。如果没有足够的素材，就很难支撑我们想表达的观点，支持该观点的论据也很难站住脚。我们只有在写作前厘清思路、做好准备，才能写出优秀的文章。

保证写作顺利进行的第一步如下：打造一个安置各种素材的、专属于自己的"思维抽屉"。这项工作功在平时。上班族每天接收的信息有多少，阅读的报道有几篇，看过的 YouTube 视频有几个呢？接触的资料、邮件等恐怕更是多到数不清。

一项调查显示，2011 年美国人每天接收的信息量相当于 175份报纸的内容，是 1986 年的 5 倍有余。如果除去工作时间，仅是业余时间，大脑处理过的素材就已相当于 10 万个词汇。

由于在短时间内接收的信息太多，我们是不可能记住的。另外，由于素材在一刻不停地更新，我们搜索自己所需素材就变得愈加困难。想必我们都有这样的经历：分明记得曾在哪里看过，但无论如何都找不到。对于这种情况，我们要未雨绸缪，打造一个专属的抽屉。

在大数据时代来临之前，有过许多种保存文件的方法：制作成剪报，或者结集成册，等等。然而，大数据时代到来后，实物的保存就没必要了。文件可以以数据的形式被保存或查看，必要时还可以打印出来。

在这样的时代背景下，如何便捷地保存资料呢？虽然已有各种各样的 App，但我还是用印象笔记 App 来制作自己的专属抽屉。使用哪个 App 并不重要，只要具备收集和整理资料时所需的几项功能即可。

自己专属的"抽屉"，首先得便于保存和搜索资料。在网上浏览资料时，只要轻点几下鼠标，就能将资料保存到自己的抽屉中。印象笔记的"剪藏"功能可以实现网页内容的一键保存。另外，如果你使用的是付费版本，你还可以检索 PDF 或图片文件中的文字。这大大提高了检索的便利性。如果能将所需的书籍或文件保存为照片，操作起来就会更加轻松。

收集资料时，请制定一个专属的分类体系。不一定是自己熟悉的领域，广泛地网罗各种素材有助于以后的知识融合。另外，养成记备忘录的习惯和收集资料的习惯非常重要。《完美学习法》的作者之一高英成在一次演讲中透露了自己收集资料的秘诀。他把自己读过的书中需要记下的内容按照书名、所属领域、页码等进行系统记录，这样在写文章时，就能够轻而易举地找到所需的素材，并为自己所用。

## 第二步：确定文章的主题

思维抽屉一旦打造完毕，在写文章时，你内心的恐惧就会有所缓和。这就像你为家人做饭时，各种食材已经在冰箱里整齐地码好了。接下来该决定做什么饭了。多数情况下，学校或公司所需的报告书已经定好了主题，报告书的阅读对象已经明示了自己想看到什么内容。如果你不知道该写什么样的文章，就需要重新了解一下对方希望看到什么。

即使阅读对象的意图没那么明确，我们也不能贸然下笔，而是应该先提出一个假设，确定文章的主题。一旦主题确定下来，我们就知道要向读者传达什么信息了——可以仅是传达信息，也可以是催促行动。

如果你要写一篇题为"2018年销售额走低的原因"的报告，

你就需要了解为什么销售额会走低，并且交代如何改善现状，未来采取什么行动。然而，如果报告的题目是"2018年销售报告"，那么太过宽泛的题目会导致你无从下笔。要想写出一篇好文章，明确主题是十分重要的。

## 第三步：搭建整体框架

明确文章的主题后，你就要确认所需资料，然后进行构思。这时候还不能直接进入写作阶段。写文章时，如果你打开PPT页面，漫无目的，就无异于探路时缺乏导航，走着走着就会迷路。迷路以后，为了弄清楚自己在哪里，又得原路返回，最终白辛苦一趟。因此，我们不能直接跳到撰写文章这一步，而是要利用金字塔原理搭建整体的框架。

思维导图App是一个有助于搭建文章框架的工具。由于可以分阶段进行思考，它可以帮助我们摆脱直线思维，进行发散性思维，轻轻松松就能搭建一座金字塔。我们需要将文章主题写在中间，罗列文章应该包含的内容，这时要用到5W2H法，也被称为七何分析法。它在Who（谁），what（是什么），When（何时），Where（何处），Why（为什么），How（怎么做）的基础上增加了How much（多少）。如果你遵循了六何原则（记者撰写新闻报道时运用的方法），你写出的文章就是基本合格的。

将文章主题放在中心，然后向自己提问：这件事什么时候做，
为什么要做，为了达成目标我需要做什么，怎么做，由谁来做，
需要多少开销等。

随着相关的问题的展开，各种信息会逐渐聚合起来。再为你
的观点寻找并附上相应的事例或依据，这样，一幅思维导图，一
个金字塔结构的框架就完成了。

为你要写的文章搭建一个全面的框架吧。这能节省你的工作
时间，让你写作时不至于失去方向。在策划一门课程时，你也可
以利用思维导图构建框架，并以此为基础制作相应的海报，这样
可以大大提高你的写作效率。

## 第四步：充实框架，完成文章

框架搭建完成后，接下来就只剩下一件事了——动笔写作。
虽然有时候用思维导图搭建的框架会形成更有说服力的文章，但
现在的许多读者还是习惯于线性思维的文章。因此，在框架搭建
完成后，我们还要转换一下文章的形式。

如果搭建框架时是以文章的形式进行，框架内容就需要重组
一下；如果框架是以字词或关键词为主的，那就充实、丰满它的
血肉，让它成为一篇完整的文章。你或许想问，为什么在这个过
程中，同样的工作进行了两遍？那不一样，你会拥有全新的体验：

再次开始写作时，你会像看着导航仪找路一样，写出的文章会行云流水，层次分明。

# 优秀从电子邮件开始

## 发件人的失职：邮件内容一团乱麻

学生或上班族平时最常用的写作格式是什么？除了用手机发短信、发微信，还有电子邮件、报告书、计划书、企划书四种常见文体，它们各自的撰写方法也数不胜数。然而，无论是哪种文体，都有必须包含在内的要素。让我们来了解一下，如何从对方的立场出发，更加高效地进行沟通。

首先，我们来谈一下电子邮件。使用电子邮件的主要目的是什么？电子邮件是不折不扣的沟通工具。因此，与其写太长的邮件，不如灵活运用附件功能；至于邮件正文，则应简明扼要。

如果你发出了一封杂乱无章的商务邮件，就会给对方留下极差的印象。因此，在撰写商务邮件时，我们要留意很多方面。在互联网诞生之前，人们用邮寄的方式进行交流，由于这种方式需要消耗大量的时间和金钱，人们会尽量简洁高效地表达意思。但现在，由于电子邮件的时间和金钱成本已经不足为虑，人们也不再尽量"好好使用"它了。

怎样才能写出一封出色的邮件呢？首先，要拟好邮件标题。通过电子邮件进行广告推销时，一句恰当的标题就能够牢牢抓住人们的注意力，在写日常邮件时，拟定一个好标题同样很重要。最好能在标题中写明意图和主要内容。

失败的邮件标题就像自我介绍的开头，没有说明自己的意图，还将应该出现在正文中的问候语作为标题。我们应当确保收件人还未点开邮件，就已大致了解邮件的内容，这样才能提高工作效率。让我们站在收件人的立场考虑一下吧。

失败的邮件标题示例：

您好，我们是思维训练培训公司。

成功的邮件标题应当说明自己是谁，并且准确地表明邮件正文的主要内容。然而，这并不意味着标题越长越好，而是要尽量简要地概括邮件的主要内容。

成功的邮件标题示例：

【思维训练培训公司／金炅禄】听课人员信息问询

接下来，我将介绍如何简洁地撰写邮件正文。

如何才能写出出色的邮件正文呢？电子邮件不同于朋友之间的往来信件，它被应用于工作场合，能使人们尽可能高效地沟通。在撰写电子邮件时，如果平铺直叙，对方就很难一下子掌握邮件的主要内容。另外，如果有两个以上的注意事项或传达事项，我们就应该避免使用这种叙述方式。

那么，具体应该怎么写呢？

失败的邮件正文示例：

<u>金生格代理</u>，您好！我是思维训练培训公司的金炅禄。

天气渐凉，您最近过得好吗？身体是否康健？我写这封邮件与将于 2019 年 1 月 26 日举办的课程有关。我想向您询问具体的听课人员信息，以及您计划的授课方向的相关内容。报名参加这次课程的学生有多少位，分别处在什么年龄段？如果已有完整的授课日程表，也请发给我一下。另外，如果有课程必须涵盖的内容，您可以告诉我，我会将它们安排在授课日程中。最后，我什么时候将教材发给您合适呢？期待您的回复。

金炅禄

这封邮件的内容是确认听课学生的人员信息、计划的课程方向、授课日程等。平铺直叙的写作方式令对方一时难以明白你需要什么。如果对方在阅读你的邮件内容时有所遗漏，这就是你的失职。

成功的邮件正文示例：

金生格代理，您好！我是思维训练培训公司的金炅禄。天气渐凉，请好好保重身体。我写这封邮件是想了解一下将于 2019 年 1 月 26 日举办的课程的相关信息。

○课程相关

① 听课人数。

② 听课人员的男女比例。

③ 听课人员的年龄段分布。

④ 授课场所的电脑及扬声器设备情况——能否使用私人笔记本电脑。

○授课内容相关

① 计划的授课方向。

② 必须涵盖的授课内容。

③ 完整的授课日程表共享。

○日期相关

① 教材发送截止日期。


您告知的内容将会有助于课程更加有效地进行。

如有疑问，请随时联系我。感谢。


金炅禄


在这里，原先平铺直叙的邮件正文被分为以上三个类别，这样一来，就能够大大提高邮件的沟通效率。另外，如果对方能够轻松掌握你所传达的要点，并且基于你的邮件内容给出了回复，就说明你的邮件确实毫无遗漏地传达了信息。

最后，如果附件数量较多，你可以进行编号，并在邮件末尾说明附件的相关情况，这样便于对方对附件进行一一确认。因为经常发生这样的事情：因为漏掉了十分重要的附件，给工作带来了相当大的麻烦。


## 撰写报告书：比起六何原则，七何原则更胜一筹

报告书的形式有很多种。每家公司都有自己的要求，既有"一页纸报告"，也有用 PPT 制作的报告，还有通过 Excel, Word 等制

作的报告。每种形式的报告各有优劣，很难判断好坏。最好是根据实际情况选择报告书的形式，或者将报告书按照某种原则进行统一。

那么，怎样做才能写出一篇有效的报告呢？无论是哪种形式的报告，在撰写时都要遵循几项基本原则。

第一，遵循5W2H法。如果你在撰写报告前，已经构建好了框架，厘清了思路，实际写作时就会容易很多。在构建框架时，要首选5W2H法；在将构建好的框架变为报告书的过程中，要再次使用5W2H法。5W2H法是写出逻辑清晰的报告的最简单的方法，它由Who（谁），what（是什么），When（何时），Where（何处），Why（为什么），How（怎么做），How much（多少）组成，只要分别将它们换成报告的语言就行。在撰写最近流行的"一页纸报告"时，以5W2H为中心来构思内容尤为重要（见表3.1）。

表 3.1　用 5W2H 撰写报告

| 一般的 5W2H | 撰写报告时的 5W2H |
| --- | --- |
| Who（谁） | ·业务对象<br>·实施主体 |
| what（是什么） | ·业务内容 |

| 一般的 5W2H | 撰写报告时的 5W2H |
|---|---|
| When（何时） | ·业务进行时间<br>·准备日程安排<br>·活动日程安排 |
| Where（何处） | ·业务场所<br>·业务渠道 |
| Why（为什么） | ·活动目标<br>·策划意图 |
| How（怎么做） | ·施行方案<br>·施行计划 |
| How much（多少） | ·业务预算<br>·相关数量统计 |

第二，重点前置。将最重要的内容放到最前面。在撰写报告时，最好将报告的主旨放到全文最前面。不要让阅读对象自行解读你的报告，而是要采用总分结构，将自己要表达的内容进行提炼，再罗列要点，展开详细论述。

第三，要想提出论点，论据必不可少。如果你希望自己的报告逻辑分明，那么一定要在论点后补充相关的论据，让阅读对象对你的观点深以为然。如果报告书的内容是有客观依据的事实，就一定要注明出处；如果是自己依据资料进行的分析，就要表明这是你自己的意见或想法。

没有客观依据，以个人想法充当现实的情况：

——我认为，从顾客的角度来看，最近品牌 A 的产品 X 已失去购买吸引力。

以客观依据为基础进行论述的情况：

——上个月进行的顾客调查问卷结果显示，对品牌 A 的产品 X 有购买意愿的顾客较去年同比减少了 50%。因此我认为，对顾客来说，产品 X 正在逐渐失去购买吸引力。

第四，干脆利落地收尾。有时候我们在撰写报告时，会遇到结尾部分拖沓，语言暧昧不清的情况。如果在撰写报告前没有搭建框架，就会经常遇到这种情况。那么，怎样才能干脆利落地结尾呢？在报告的末尾部分，我们应该对未来进行展望。因此，我们应该说明接下来应该怎么做。

将预想的情况和可能性写进报告，对决策者会有一定的帮助。如果报告是围绕当前情况展开的，那么可以在结尾部分写下自己下一步的工作计划或打算。只有这样，阅读对象才能预测撰写者的下一步行动，并给出明确的反馈。

## 所谓计划，其实是一个解决问题的过程

计划书与企划书密不可分，因此我将它们放在一起介绍。撰写计划书与企划书的道理是相同的。计划是企划的结果；通过企划，计划得以制订。因此，撰写企划书时，一般也涵盖了计划相关的内容。

然而，问题就出在这里。有时会出现这种情况：明明是企划书，全部内容却只围绕计划展开。这会导致什么问题呢？要想寻找答案，首先我们需要了解计划与企划分别是什么。

计划是什么，企划又是什么呢？我想借《企划的两种形式》一书的作者南忠植老师的话来对此进行说明。他在自己的著作中这样写道："计划"与"企划"中都有一个"划"字，因此，二者的区别主要在于"计"与"企"的区别。"企"字是"谋求"的意思，"计"字是"计算"的意思。"企"字上面是一个"人"字，而"计"字没有。

因此，谋求之事只能由人来做，而计算却不是人类独有的能力，电脑可以做得比我们更好。

说文解字的方式能让人豁然开朗，同时也妙趣横生。然而，对于"企划只能由人来做，而计划也可以用电脑完成"的说法，我感到些许遗憾。不知为何，这种说法总使我觉得企划比计划更

重要。

用英文来表述，企划是"planning"，而计划是"plan"。这两个单词之间的区别很细微。在一些情况下，"计划"与"企划"也会混用。总之，二者你中有我，我中有你，难舍难分。如果没有清晰的计划，企划也不过是空想；反之，无论计划多么完美，如果没有对问题进行正确的思考，最终也无法达到目标。

总而言之，企划负责提出"为什么"（Why），计划则负责考虑"怎么做"（How）。"为什么"指向做事的目标，因为人类的所有行为都有明确的目的；计划则是为了摆脱当前不满意的现状，逐渐向满意的状态靠拢。

当下令人不满意的状况也被称为"问题现状"。企划就是发现问题所在，并寻找解决办法的过程。因此，企划的属性是面向未来。而在这里，有必要再次强调计划的重要性。

为了走向未来，我们需要一份具体的行动指南，而这就是计划的用武之地。

现在，让我们谈回写作。一份优秀的企划书应当聚焦于问题本身和解决之策，应当详细说明我所面对的事件尚有哪些问题。在描述问题时，最重要的是要交代清楚，这是关于谁的问题。如果没有问题对象，问题就不是问题。无论是关于我的问题，还是关于他人的问题，只要没有交代清楚，这个问题在逻辑上就是不成立的。在确定问题对象时，也不要随手乱指，而是要明确细分，指出是哪一个特定的小组或群体。此外，还要说明你会采取什么方法解决他们的问题，以及如果问题得到解决，他们的处境或状态会发生什么变化。

在撰写计划书时，最好遵循一定的时间顺序。如果计划书针对的是某项活动，我们就需要制作一份核对表（check list）来安排具体的流程。在活动准备期间，最好以天为单位进行工作安排，而在活动当天，最好以小时为单位进行工作安排。为了完善核对表，我们可以把第一次制作的核对表放到一边，通过逐项提问的方式来确认没有遗漏。

# 沉默不再是一种美德

## 没有韩国记者向奥巴马提问

手抖得厉害，心跳声清晰可闻——这是我在某次听课时突然出现的意外反应。那天，我去听第四次工业革命的相关课程，主讲人是任职于 SK PLANET① 的金志贤常务。这次时长 90 分钟的课程令我心满意足。由于是我感兴趣的领域，我不由得好奇心泛滥。课程最后也预留了答疑环节，为此我也准备了一些问题。

距离课程结束还有 5 分钟时，我的手突然抖得厉害，心脏怦怦直跳。在下定决心举手提问时，我突然觉得很有压力。最终，当课程结束并进入答疑阶段后，我还是举起发抖的手，提出了问题。所幸，金先生给出的回答使我很满足。然而，直到我走出听课现场，这种紧张感也没有完全消失。

① 韩国 SK 集团旗下的电商公司。——译者注

走出听课现场时,许多想法在我脑海中盘旋。我也是一名在无数人面前讲课的讲师,怎么会因为提问题而手抖成那样……这让我感到难为情。而且我很好奇,自己究竟为什么会紧张。可能是咖啡喝多了,咖啡因的副作用导致的,也可能是其他各种原因导致的。不过,也可能是因为台下坐满了专业人士,上至公司管理人员,下至普通员工。在这种环境下提问,我难免会感到焦虑:自己的问题会不会太小儿科了?

我靠一张嘴谋生,也经常听到周围人称赞我的口才。然而,不知从何时起,我在开口讲话的瞬间总是伴随着胆怯。只是我有这种情况吗?并不是。在2010年韩国举办的G20峰会闭幕式记者招待会上,出现了令人难堪的一幕。时任美国总统奥巴马在问答环节,将最后一个提问机会留给了在场的韩国记者。然而,韩国记者却无人提问,记者招待会一度陷入冷场。奥巴马又体贴地表示,有翻译在场,韩国记者可以自由地提问,但现场仍然一片寂静。

这时,有一个中国记者站起身,表示自己愿意替韩国记者提一个问题。奥巴马有些惊愕,表示这是给韩国记者留的提问机会。但是,中国记者建议奥巴马再次询问在场的韩国记者有无提问,如果没有,就请将提问机会留给自己。最终,韩国记者还是无人提问,这个提问机会就让给了这位中国记者。

## 重视倾听甚于表达的文化氛围

阅读本书的人想必至少已有二三十岁，也有过许多次提问的经历。然而，许多人都像在奥巴马面前闭口不言的韩国记者一样，惧怕当众提问。反观西方文化圈的人，他们却能自如地提问、互动。在西方文化中，讨论是再熟悉不过的交流方式，因此他们能直接、自如地表达自己的想法。与他们相比，我们存在什么问题呢？

有这样一个民族，以擅长提问而闻名。尽管他们人口并不多，仅占世界总人口的 0.2%，但截至 2015 年，这个民族已涌现出 195 位诺贝尔奖获得者，占全部获奖者的 22%。不仅如此，他们活跃于世界各地，全世界 1/3 的亿万富翁都出自这个民族。他们就是犹太人。

有关他们为何取得如此成就的研究已有许多，但我不得不提到一种名为"海沃塔"（havruta）的学习方法。"海沃塔"指的是，不管年龄、阶层、性别如何，两个人组成一组，通过讨论来探索、研究某个问题。这是犹太人独特的教育方法。不管是在家里还是在学校，这种方法都能够进行。

在犹太人家庭中，孩子放学回家后，母亲会询问孩子："今天向老师提了什么问题？"犹太人从小就习惯于进行逻辑思维：

讨论，提问，追根究底。那么，韩国的情况又是怎样的？请你尝试回忆一下自己还是小学生时，放学回家后妈妈会问你什么。妈妈通常问的是："今天听老师的话了吗？"

相较于讨论和争辩，生活在儒家文化氛围中的我们更习惯于听从长辈的话。虽然初中、高中阶段的教育氛围也开始鼓励求知，但与犹太人的基本思维方向本身就不一样。

引用两位著名的东方哲学家的名言，庄子云："得意忘言。"孔子曰："言不尽意。"此外，韩国也有一句俗语，"空的推车响声大"。这句话反映出对话多者的鄙夷，也表明在推崇少言的文化中，矜重（矜持稳重）是一种美德。

如果放在过去的社会，这没有什么不妥。然而如今，包括经济在内的社会生活的方方面面都已与世界接轨。我们生活在一个充满竞争的社会，包括韩国在内的许多东方国家逐渐开始西化，在这种环境中，在创新思维、快速解决问题、协调意见等方面，推崇少言的文化反而拖了后腿。

究其根源，不善于提问的弊病脱离不了社会环境和文化氛围的影响。万幸的是，不善开口不只是因为个人能力欠缺。不过，我们不能因为错不在己就对此放任不管。

除了提问，需要我们开口说话的场合还有很多，比如进行个人汇报时，与恋人说话时，在年终聚餐上说祝酒词时，向上司

做工作报告时。再比如，劝慰与恋人分手的朋友时，进行重要的
课题报告时，参与讨论时，甚至是餐厅点菜时，都需要我们开口
说话。接下来我们应该了解一下，在这些场合，如何才能更好地
表达。

# 即兴发言：3秒钟准备就绪

## "会有人嘲笑我吗？"

在有 50 多人参加的年终聚餐上，如果你突然被点名，要求说几句祝酒词，你会是什么心情？你在刹那间成为全场的中心，虽然有些沾沾自喜，但内心深处却在发愁该说些什么。这时，你肯定在想："早知道自己要说祝酒词的话，我就上网搜索一下，找几个拿得出手的佳句了。"

但现在说这些已经太迟了。留给你的时间只有二三十秒钟，该怎样挨过这一时刻呢？在多数情况下，需要讲话的时刻都是这样猝不及防到来的，令人难以招架。你需要在短时间内打好腹稿，把要说的话传达给对方。而且，如果在流畅表达的同时，再适当幽默一下，你就会显得相当有魅力。

在开口讲话之前，首先要做的就是克服恐惧心理。无论你准备的发言多么文采飞扬或精彩绝伦，如果你因为恐惧而无法流畅

表达的话，发言效果就会大打折扣。那么，怎样才能克服当众讲
话的恐惧呢？

做好最坏的心理准备——万一祝酒词说错了，会有什么后果
呢？你会觉得别人都在嘲笑你。但事实上，这种情况不会发生。
我曾在一场婚礼举办前两天临时接到请求，被邀请在婚礼当天唱
祝歌。由于事发突然，准备的时间相当不充裕。我不是专业的歌手，
也没有经过充分的练习，能唱好祝歌吗？当然不能。我确实搞砸了，
以至于现在想起来都很不好意思。唱祝歌时，一个不安的设想掠
过我的脑海：事后会发生什么？然而，事后并没有发生我担心的
事情。当然，我肯定感到抱歉和遗憾——如果能唱得再好一点就
好了。然而，我为好朋友演唱婚礼祝歌这一事实不会有任何改变，
"人们会嘲笑我"的恐惧和担心也只存在于想象之中。

## 直径 50 厘米的"变化之圆"

对于那些想克服恐惧而不得的人们，我还有一个好方法。这
就是 NLP（神经语言程序学）使用的"变化之圆"法，它能让人
瞬间充满自信。在重要的个人汇报开始之前使用这种方法，效果
将更加显著。

使用"变化之圆"法不需要做什么特别的准备，只需要一份
心态。在进行汇报的当天，你可以在离家之前使用这个方法，但

我更推荐你到达汇报现场之后再使用。到达现场后，首先将汇报所需的设备准备妥当。然后，你可以站上讲台或走到场地前，让自己的心平静下来。这之后，想象在距离双脚约 1 米的地方，有一个直径 50 厘米的圆。然后，想象这个圆正在闪闪发光，你汇报所需的所有能力都在这个圆内。关于圆的想象逐渐稳定后，请你移动脚步，走入圆中。然后，想象自己拥有了汇报所需的圆内的所有能力。

更进一步，你可以想象自己所在的圆不断向外扩张，直至它将你所处的空间全部覆盖。刚开始想象时，可能有些难度。但是，只要继续练习，不出 1 分钟，你所在的空间就会充满各种各样的资源。

即使不是当众发言的场合，这种方法也有助于缓解焦虑、提升自信。你会感到，自己的情绪一瞬间就变得不同了。如果你连 1 分钟的空闲时间都没有，你也可以将自己经过的某扇门想象成"变化之圆"。这也能获得相同的效果。

## 遵照"现实—想法—展望"的发言顺序

好的，当我们克服了恐惧，下一步就是准备发言内容了。如果你有充分的时间做准备，比如面对的是演讲、汇报这种事，那么发言与写作并没有区别。你只需要利用金字塔原理和六何原则来构建框架，撰写发言稿，然后背诵发言稿即可。

然而，如果你面对的是即兴发言，准备过程就不一样了。让我们再回到有50多人参加的年终聚餐的例子上，你被点名说祝酒词。在毫无准备的情况下，我们可以按照"过去或现在的事实—个人想法—未来展望"三步法来组织语言。

第一步，叙述"过去或现在的事实"，为的是让听众产生共鸣。通过讲述共同经历的过往或当下共同的处境，很容易让听众产生情感上的共鸣。例如：

·我想起了10年前与各位初次聚首的情景。那时大家还不太熟悉，相处起来有些不自然。

·50多个人能够像现在这样欢聚一堂，真是令人难以置信。

·我之前一直在犹豫要不要参加这次聚会。然而见到各位后，我觉得真的是来对了。

第二步是通过发表"个人想法"，传达自己的心声。例如：

·正是有了各位，这次年终聚会才能如此热闹、温馨。我感到十分高兴。

·能够受邀参加这次聚会，并且向各位致以问候，我感到荣幸之至。

· 我想向辛苦筹办这次聚会的 ××× 致以衷心的感谢。

第三步是展望未来，以积极的态度收尾。

· 希望未来 10 年、20 年，我们的聚会还能像现在这样。年年
有今日，岁岁有今朝。

· 在场的各位中，也有今天初次见面的新朋友，我希望借此
机会，与大家增进了解。

我们在发言时，只要记住这三步就足够了。简单来说，就是
按照"现实—想法—展望"的三步法进行发言，这与伯尼斯·麦
卡锡（Bemice McCarthy）开发的 4MAT 模型十分相似。4MAT 模型
遵循"why-what-how-what if"的顺序，可用于写作、学习、口头
表达、计划等诸多领域。其实，将"为什么—做什么—怎么做—
带来的变化"进行适当简化，就是"现实—想法—展望"。当然，
应用于具体情况时，也可以进行变通：将顺序变为"现实（现况）—
想法（对策及方案）—展望（未来的结果）"。

伯尼斯·麦卡锡的 4MAT 模型：

why（为什么）→ what（做什么）→ how（怎么做）→ what if
（带来的变化）

也可以转换为更具实操性的"发言3步法"：

现实（现况）—想法（对策及方案）—展望（未来的结果）

现在，我们克服了当众讲话的恐惧，学会了"现实—想法—展望"三步法，剩下的就是实际演练了。要想说法有条理，就要不断地练习。从现在开始，只要有当众表达的机会，你就不要犹豫，勇敢地上前挑战。

# 善于演讲更要善于沟通

## 博学如车教授，亦有美中不足

许多人都想拥有出色的表达能力。然而，在提高表达能力的过程中，有一点十分重要，那就是，我们想提高的其实并不是演讲能力，而是对话能力。我们通过语言进行思想的交流和碰撞，以此获得新的想法，并将新的想法融入我们自己的思想，使思想不断深入。然而，如果我们只顾自我表达，完全无视对方的想法，我们的思考能力就不会成长。因此，越是会思考的人，越善于沟通。

有一个案例表明了沟通的重要性。韩国一家电视台于 2018 年 11 月开播的电视剧《天空之城》在当时引起了热烈反响。该剧讽刺了首尔江南区大峙洞① 私立教育成风的现实，身为大学法学院教授的车民赫是剧中角色之一。在剧中，车教授经常在众人聚集的

---

① 江南区是首尔的行政区之一，也是重要的商业地带，同时也是韩国的上流社会聚集地。大峙洞是韩国最大的补习班密集地之一，隶属于江南区。——译者注

场合条理清晰地发言。考虑到他的法学知识背景，他说话很有逻辑性也就不足为奇了。

然而，他身上存在一个严重的问题——他希望子女能实现他没有实现的梦想。在家中，他经常用家长的权威来命令子女，但对子女的生活不闻不问。他的女儿为了获得他的认可，一年以来一直假装自己在哈佛大学就读。这是一个因缺乏沟通而导致父女关系破裂的例子。

像车民赫这样口才很好，擅长当众演说的人，在与人沟通时却表现得一团糟。其实，放眼四周，擅长当众发言却不擅长交流，因而经常出现各种问题的情况并不少见。那么，演讲与沟通二者之间究竟有什么不同呢？

演讲是一个人面对多个人，单向表达自己的思想和情感。重点在于，演讲中并不存在即时的情感交流。讲话内容是按照讲话人的意愿写成的，指向的也是演讲者的目的——这是一种极其个人化的表达方式。当然，一场出色的演讲离不开对听众进行分析，但是很显然，这是演讲者对听众的单向分析。

那么，沟通又是怎样的呢？沟通是两个人交换想法。当然，不一定非得是两个人，也可以是多人之间进行沟通。沟通与演讲最明显的区别在于，所有人都能参与对话过程，发表自己的意见或看法。这时，对话不再是单向的，而是双向的。

那些不擅长沟通的人总是进行单向表达，这就致使了问题的发生。为什么我们在期望与对方建立良好关系时，还是会出现单向表达的情况呢？原因大致有两个。一是因为缺少共鸣，二是因为他们坚信自己才是正确的。

要想进行良好的沟通，共鸣与倾听必不可少。然而，想做到共鸣和倾听并不容易。想象一下恋人之间的沟通吧。女孩受到了上司的不公平对待，于是打电话给男朋友，倾诉自己的遭遇。男朋友无法对女孩的遭遇感同身受，而是直接就问题给出了自己的解决方案。在反复的对话中，女孩疲惫不堪，终于生气地对男孩说，她想要的并不是什么建议。男孩也抑制不住自己的怒火，质问女孩："那你想怎样？！"最终，二人争吵了起来。

这种事情反复出现几次后，每当女孩提起类似的情况，男孩除了简单地回应，就不再给什么建议了。改变互动方式后，虽然二人的对话不再会升级为吵架了，但男孩逐渐开始厌烦女孩的倾诉，女孩再也感受不到男孩的关心。之后，他们的对话会越来越少。在这段关系里，男孩无法理解女孩的小情绪，女孩也无法理解只给建议却不懂得体贴自己的男孩。

无独有偶，我们也能在父母与子女之间、上司与下属之间发现类似的情况。不懂得沟通的父母无意揣摩子女的心思，却要将子女推向自己希望的发展方向。你兴许认为，上司与下属之间不需要共鸣这种东西，但好的领导都懂得体察员工的内心。

如果说单纯的"听"并不等于共鸣，那么怎样才能让双方产生共鸣并从中受益呢？要想让双方产生共鸣，将沟通引向深入，我们需要将情感与现实分开。如果一方在诉说情感，另一方却在强调现实，双方就无法引发共鸣。

## 商量解决方案前，先引起共鸣

这一技巧也可以在回应顾客时使用。如果顾客表达了不满，你就可以先点出顾客遭遇的不便之处，并表示你对他的心情感同身受。这之后，你可以提出或与顾客协商解决方案。

让我们设想这样一种情景：一个顾客因为配送延误而向超市投诉。如果超市员工只是对顾客说"很抱歉，由于出现了一些问题，导致配送延迟。您明天大概就能收到了"，那么顾客即使了解了情况，负面情绪也不会消散，大概率不会接受超市方面提出的解决方案。

但是，如果超市员工换一种说法，情况就会大不相同："由于配送延误，您一定等得很辛苦吧。配送物品对您来说可能很重要，结果因为配送问题给您带来了不便，真的很抱歉。因为这款产品卖得太好，所以供货方面有些吃紧，配送也就跟着延迟了。现在您的商品正在配送中，预计明天就会送到。产品明天送达您能接受吗？"这样一来，顾客心中的不满就会烟消云散。为了让对方产生共鸣，我们要把情感与现实分开处理。

出现单向表达的第二个原因是，说话人偏执地认为，只有自己才是正确的。越是强势的人，这种想法越是根深蒂固。在受儒家文化影响至深的东方，人们深信长辈的言行都是正确的。韩剧《天空之城》中的车民赫教授就是这样，他的问题正在于他偏执地认为，自己的经验肯定没错。如果你与别人的沟通出现问题，那么请反省一下，你是不是也固执地认为自己的想法是正确的，经常无视他人的想法。

你或许认为，那些擅长演讲的人看起来很耀眼。但是，我却希望与擅长沟通的人共度一生。擅长沟通的人，最终也会成为擅长演讲的人。然而，如果一个人只懂得演讲或说话技巧，那么肯定会因为不懂得共情而到处碰壁。只有理解对方，才能进行良好的沟通。让我们一起努力，成为懂得双向沟通而不是单向表达的人。

# 第四章

用创意解决问题：当思想与思想碰撞

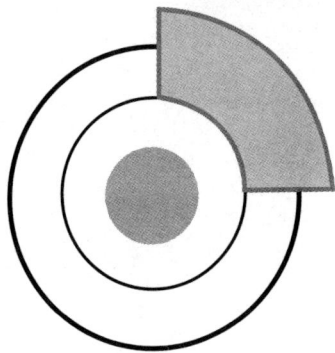

# 创意未必来自"怪咖"

## 创意：人类最后一片未探索之地

2016年3月，一场世纪对决在韩国首尔拉开序幕。这场对决实在太过出名，以至于无人不知、无人不晓。它就是AlphaGo与围棋九段韩国棋手李世石之间的人机大战。

这场对决在首尔的一家酒店进行，吸引了来自全世界的目光。韩国的围棋水平在全世界名列前茅，而且当时许多人坚信，围棋是机器人难以超越人类的领域，因此，这场比赛尤其引人关注。

这场围棋比赛是人类与机器人之间的第一次较量吗？并不是，在此之前已经有过很多次了，其中以1997年国际象棋世界冠军加里·卡斯帕罗夫（Garry Kasparov）与IBM研发的计算机"深蓝"（Deep Blue）之间的对决最为出名。在1996年双方的首次较量中，卡斯帕罗夫打败计算机胜出。然而，时隔一年后，经过IBM升级的"深蓝"再次登上了擂台。这一次，获胜者变为了"深蓝"。

这个结果令很多关注比赛的人震惊不已。人类竟然被机器人打败了，这个现实令人恐慌。然而，这种恐慌并没有持续多久，因为"深蓝"除了下国际象棋，其他什么都不会。也就是说，这样的"深蓝"不会对我们的生活造成多大的威胁。

那么，AlphaGo 与李世石的对决又如何呢？根据大多数围棋专家的预测，李世石将在比赛中胜出。然而，比赛第一天的结果令所有人大跌眼镜——AlphaGo 打败了李世石。人们受到冲击之余仍然抱有一丝希望——李世石说不定会在下一场扳回一局。然而，在总共 5 局的较量中，除了第 4 局外，其余所有对战都是 AlphaGo 胜出。

这个比赛结果实在令人吃惊。在仅仅不到一周的时间里，机器人与人类的排位就发生了逆转。人们开始对机器人感到恐惧。十分巧合的是，同年 1 月，"第四次产业革命"一词出现在达沃斯论坛上，而"科技的发展将会给人类世界带来翻天覆地的变化"这一可怖的论断迅速席卷韩国。

同样是曾经战胜人类的计算机，AlphaGo 与"深蓝"为世界带来的影响却大不相同。为什么会有如此之大的差别呢？究其原因，国际象棋的复杂程度与围棋难以相提并论。如果说国际象棋中每个棋子有 20 种走法，围棋中每个棋子的落子点就达 200 多个。如果计算一局围棋落子的所有可能性，得到的数字比宇宙中所有原子的数目还要多。就算调动全世界所有的电脑，不眠不休地运行一百万年，也无法算出这个数字。但是，电脑几乎无法做到的事，却被人工智能机器人 AlphaGo 做到了。

开发出 AlphaGo 的是谷歌旗下的人工智能企业 Deep Mind，在200 余名员工中，负责研发 AlphaGo 的约有 15 人，而其他人则负责研究将人工智能应用于解决围棋之外的其他难题。Deep Mind 的任务有两个，"攻克智能领域的难题"（Solve intelligence），然后"再用它攻克其他一切领域的难题"（Use it to solve everything else）。通过 AI 攻克诸多难题是 Deep Mind 的终极目标。

可想而知，这足以让人类惶惶不安。人工智能带来的变化显而易见：人类仅凭记忆和背诵已经很难在这个世界上生存下去了。因此，从现在开始，我们要培养只有人类才具备的能力。不过，AlphaGo 或许会让你认为，这样的领域已经不复存在。并非如此，我认为仍然有人类值得开发的领域，那就是创造力。

## 不是所有洗澡的人都会高呼"尤里卡"

说到富有创造力的人，你会想到谁？我率先想到的人是杰米斯·哈萨比斯（Demis Hassabis）。他是谁呢？他并不像史蒂芬·乔布斯那样家喻户晓。哈萨比斯就是开发出 AlphaGo 的 Deep Mind 公司的创始人。哈萨比斯在人工智能领域取得了极其突出的成就，正如有人对他的评价：他是当今时代最聪明的人。

除此之外，还有那位欢呼"尤里卡"的古希腊学者阿基米德（Archimedes），比尔·盖茨，以及维珍（Virgin）品牌的创始人理查德·布兰森（Richard Branson），还有《创造即编辑》一书的作者金廷云教授等。他们是如何成为富有创造力的人的？他们身上有什么特别之处吗？难道他们是天生的"怪咖"？

虽然人们的很多观念已经今非昔比，但仍然有人认为创造力是少数人的专属。他们错误地认为，那些富有创造力的人都是外表奇特、行为举止异于常人。比如爱因斯坦，他的"爆炸头"发型会让我们下意识地认为，他气质独特，散发着科学家的气息。

然而，再看史蒂芬·乔布斯（Steve Jobs）、杰米斯·哈萨比斯、马克·扎克伯格（Mark Zuckerberg）等人，他们并没有像爱因斯坦那样留长发、烫发（当然也有可能是因为他们头发太少）。

他们取得的成就无疑是突出的，令人难以企及。然而，他们之所以能够取得这些成就，并不是因为他们很特别，而是另有原因。

我们都对阿基米德的故事耳熟能详。他曾因为一个问题陷入了苦思冥想。国王收到一顶金冠，但听说金冠中掺了银，于是让阿基米德来鉴定。但是，以当时的技术手段，根本无法解决这个问题。阿基米德陷入了深深的苦恼中，结果在洗澡时，他想出了解决办法。他高兴得连衣服都没来得及穿，兴奋地高呼着"尤里卡"①
回到了家里。原来，阿基米德观察到，当自己的身体进入浴缸时，
会有水溢出来，由此他想到，溢出来的水的体积等于浸入水中的
人的体积。根据这一原理，他证明了王冠并不是由纯金打造，而
是掺杂了其他成分。

　　阿基米德的解决方案真的只是他在洗澡时的偶然发现吗？不
是的。由于国王当时正在造船，阿基米德早就懂得用浮力来测量
体积，也早就知晓金子的质量。然而，在思索如何测量不规则物
体的体积时，离不开这些已有知识的启发。如果没有这些知识在前，
想必阿基米德也解决不了这个难题。

　　让我们再回到"AlphaGo之父"——杰米斯·哈萨比斯身上。
哈萨比斯于1976年出生于英国伦敦，从小就在国际象棋上表现出
过人的天赋，被称为神童。4岁时，哈萨比斯看到父亲和叔叔下棋，
开始对国际象棋展现出浓厚的兴趣。两周后，他的实力已经超过
了父亲和叔叔，并在6岁时赢得了伦敦8岁以下组别的冠军，9岁
时已经成为英格兰11岁以下国际象棋队的队长。

　　他也自然而然地对编程产生了兴趣，并在8岁时拥有了一台能
够进行简单编程的电脑，开始学习编程相关的知识。17岁时，他研

---

① 来自古希腊语"εύρηκα"，意为"我发现了""我找到了"。——译者注

发了一款销量超过 1500 份的游戏《主题公园》（*Theme Park*），这款游戏以模拟经营游乐园为主要玩法。那时，他就对游戏中的 NPC<sup>①</sup> 产生了极大的兴趣，他称之为"那个时代的人工智能"。

后来，他进入剑桥大学学习计算机程序设计（Computer Programming），并在博士阶段主攻神经科学，研究人类大脑相关的知识。到了 2010 年，他创立了 Deep Mind 公司，开始进行人工智能的研发；2014 年，Deep Mind 被谷歌收购，公司逐渐发展成为今天的面貌。

显然，哈萨比斯拥有异于常人的能力。但是，他之所以能够一手创立 Deep Mind，研发出人工智能程序 AlphaGo，离不开他从小具备的相当的国际象棋水平，还有他的编程能力，对 AI 的兴趣，对脑科学的学习和研究等。如果他没有学习编程，没有接触神经科学领域，如果他掌握的知识有所不同，说不定就无法取得耀眼的成就。

这些人通过创造性思维取得了傲人成就，并不是因为他们是什么"怪咖"，拥有常人不具备的创造力。他们凭借的是不懈的努力。在《重新定义公司——谷歌是如何运营的》（*How Google Works*）

① 全称是 nonplayer character，指的是游戏当中不受玩家操作，而是一举一动遵照程序指令运行的游戏角色。

一书中，埃里克·施密特（Eric Schmidt）这样写道："谷歌的怪咖们是一群拥有成长型思维（growth mindest）的家伙。"他们并没有紧盯着绩效目标不放，而是将目光放在学习目标上。他们不会因为自己提出的问题过于低级或答错问题而担心别人对自己有看法，而是为了目标不断前进。

罗伯特·斯滕伯格（Robert Sternberg）是研究智力和创造力的最高权威，他曾说道：**"富有创造力的人是那些在寻找最佳解决方案或接近最佳解决方案的过程中能够忍受焦虑和不安的人。"** 要想成为一个富有创造力的人，你不必是天生的怪咖，而要成为学习的怪咖。

# 创意不是艺术家的专利

## 文艺复兴式人才会出现在 21 世纪吗

列奥纳多·达·芬奇（Leonardo da Vinci）是文艺复兴时期具有代表性的一位巨匠。他擅长绘画、建筑、哲学、诗歌、作曲、雕刻、田径运动，通晓物理学、数学、解剖学等诸多学科。就算一天有 48 小时，能够做到同时通晓这么多领域也绝非易事。实际上，据说达·芬奇每天都会连续 20 个小时不眠不休地研究数学、解几何题、做实验。

虽然我十分想成为这种人才，但我承认，实际做起来并不容易。因为我们生活在与 15、16 世纪截然不同的 21 世纪。在这个时代，我们应该怎样做，需要具备什么能力呢？有学者指出，未来的人才必须具备以下四种能力：

创造力（creativity）

沟通能力（communication）

协作能力（collaboration）

批判性思维（critical thinking）


对于未来的学生而言，这些确实是非常关键的能力；对于上班族来说，这些能力同样重要。尤其是创造力的重要性，想必大家都深有体会。那么，我们应该如何提高自己的创造力呢？我在前文说过，创造力并不是与生俱来的，而是在坚持学习的过程中培养出来的。接下来，让我们仔细品读、深度挖掘这句话的含义。

在关于创造力的诸多阐释中，一位学者提出了一条有趣的理论。美国西北大学凯洛格商学院的教授安德鲁·拉泽吉（Andrew Razeghi）在其著作《谜语》（*The Riddle*）中将创造力分为三种，分别是艺术创造力（artistic creativity）、科学创造力（scientific creativity）以及概念创造力（conceptual creativity）。

艺术创造力

我们只要想一下世界著名画家巴勃罗·毕加索（Pablo Picasso），就很容易理解什么是艺术创造力。这是一种像米开朗琪罗·博那罗蒂（Michelangelo Buonarroti）的雕刻作品《大卫》一样，仅凭作品散发的美感本身就足以吸引人们目光的能力。艺术家的创造力并不是为了解决什么问题。当然，他们也试图通过艺术来解决问题，但他们更希望自己的作品能带给别人灵感与触动。

科学创造力

说到科学创造力，我们首先想到的是率先发现放射性元素镭、钋的居里夫人（Maria Curie）。科学创造力与其他创造力不同，它并不要求人们创造什么，而是要求人们去发现早在人类诞生之前就存在的科学现实。它以绝对真理为前提，正如爱因斯坦通过思考和实验创立相对论一样，科学创造力的基础是永恒不变的客观现实。

概念创造力

概念创造力也被称为商业创造力。安德鲁·拉泽吉曾说过，概念创造力是生活在 21 世纪最需要的能力。那么，什么是概念创造力呢？一个能够解释概念创造力的最佳案例就是以无线吸尘器和无叶吹风机闻名的戴森公司。

戴森公司的创始人是詹姆斯·戴森（James Dyson），他在研发无叶吹风机的过程中，一共经历了 5172 次失败。然而，他没有泄气，终于凭借自己的执着研发出了成功的产品。他深知顾客的烦恼，并有针对性地提供了解决方案。具有概念创造力的人的特征是，他们的目标就是解决现有的问题，满足人们的需要。

## 与 100 个人交换名片的最快方法

将创造力进行上述分类后，我们就明白为什么一些人会将"我没有创造力"这样的话挂在嘴边了——因为他们混淆了艺术创造力和概念创造力。如果你不是搞艺术的人，就不需要具备艺术创造力。为了发现问题、解决问题而不懈努力，以及为之不断学习的能力才是生活在 21 世纪所应具备的重要能力。

有这样一则日本广告。在 3 分钟的画面中，没有一句台词，只有许多人。这些人在与其他人相遇后，就会互相交换名片。最开始是两个人互相交换，然后变成了 3 个人、4 个人、7 个人、20 个人……哪怕人数再多，每个人也都能一个不落地与其他所有人交换名片。这则广告中出现了许多创意十足的交换名片的方法，他们或是列队，或是围成圆圈，以各种有趣的姿势与他人交换名片，各种场景令人目不暇接。最后，画面中的人数达到了 100 人。这时，人们的眼球开始转动起来——20 个人交换名片尚能勉强做到，100 个人交换名片……大家露出了为难的表情。最终，他们打算如何解决这个问题呢？ 100 个人当中，有一个人向前迈出几步，然后拿出了自己的手机。随后，所有人都拿出手机，点开了一个共同的 App。没错，这是介绍某款名片 App 的广告。

我们对具有创造力的解决方案的期待是：新颖的、具有划时代意义的、像艺术一样优美的。**然而，当今时代需要的具有创造力的解决方案，是像研发新的 App 一样，能够有效解决人们各种问题的方案。**如果你总认为自己缺乏创造力，那就问问自己，你是否打算投身艺术。如果你为自己研发的产品卖不出去而苦恼，那就问问自己，它在帮助人们解决问题方面是否仍有提高的空间。**最终，我们要成为解决问题的能手，而不是艺术家。**

# 创意诞生于放松时刻

## 看似容易但很少有人学会的创意教程

在开展新产品营销策划、广告策划、重要活动策划等活动时，创意几乎都被视为必不可少的要素。创意就像宝石一样——人人都想拥有，但却遍寻不着。创意的发掘就像从矿床中开采原石，然后切磨、加工成钻石的过程。那么，如何"开采"宝石般的创意呢？

世界闻名的广告大师詹姆斯·韦伯·扬（James Webb Young）曾写过一本内容简短的著作，专门回答"创意如何生成"这一问题。它的书名也很简单，英文书名是《A Technique for Producing Ideas》，也就是《创意的生成》。此书的内容虽然如同书名一样简短直白，但却被广告学的学生奉为经典，足见其重要程度。

詹姆斯·韦伯·扬认为，创意就像福特汽车，要经过分工明确的生产流程才能被制造出来。另外，在回答一些人"为什么要

199

将这些技巧公开"的问题时，他说道：第一，这些公式十分简单，所以相信它的人并不多；第二，这一模式说起来容易，实践起来却需要异常艰辛的脑力劳动，因此并不是每个理解它的人都能够灵活运用。詹姆斯·韦伯·扬所说的生成创意的方法是什么呢？关于创意，他阐释了两条基本原理：

① 旧元素新组合。

② 洞悉事物之间的关联。

## 创意产生的五个步骤

詹姆斯·韦伯·扬提出的创意原理基于下列五个步骤。

第一步：素材收集

要想获得创意，首先应该做好素材的收集。设计师为了设计出新的图案，经常从万花筒中汲取灵感。万花筒内放置的无数玻璃碎片会随机生成各种各样的图案。玻璃碎片越多，就越有可能会出现新的图案。创意也是这样。为了发掘新的创意，我们有必要将素材分为"特殊素材"与"一般素材"。

进行广告设计时，为了激发创意，设计师需要养成全面学习埃及的丧葬习俗、外观、建筑技法等各个方面的知识的习惯，这就是获得一般素材的一种方法。其实，一些知名的广告人都喜欢通过这种方式来获取各种各样的信息。另一方面，肥皂的销售人员可以从阅读肥皂相关的研究书籍等过程中获得特殊素材。实际上，广告宣传文案也可以诞生自肥皂的研究资料。

第二步：素材消化

第二阶段是大脑消化阶段。在此过程中，我们要用第一阶段收集的素材来生成新的创意。这一步完全在大脑中进行，我们需要从不同角度对现有素材进行思考。可以将第一步获得的素材连起来看，也可以反向思考。我们可以从不同层面审视这些素材。在此过程中，我们的脑海中会冒出一些不明确但很新颖的想法，我们要动笔将它们记下来，作为与新创意相关联的起点。

在第二步中，冥思苦想一番后中途放弃的情况时有发生。在充分消化这些素材之前，请不要停下构思创意的脚步。詹姆斯强调，在第二步，我们要不断思考，直至大脑疲惫为止；当你感到筋疲力尽时，就是进入第三步的时候了。

第三步：创意孵化

在第二步中疲惫不堪的大脑，到了第三步就可以放松一下了。这时，你不需要再苦思冥想了。让我们做一些其他事情来激发想象力，比如舒服地睡一觉，或者看电影、听音乐等。在第三步，我们依靠无意识来孵化创意。《沉浸》一书的作者黄农炫教授也强调了无意识的重要性。黄教授还提到，在经过充分的思考过后，应当通过运动将大脑从既往的想法中释放出来，适当休息一下。

第四步：创意诞生

当你从苦思冥想的状态中脱离出来后，创意就会在不经意间找上门来。就像阿基米德在洗澡时突然高呼"尤里卡"一样，一觉醒来时，刮胡子时，散步时，某一瞬间，创意会突然降临。一位心理学家的研究显示，容易激发创意的三个地点可以总结为"3B"，即床（bed）、公交车（bus）、浴室（bathroom）。当大脑处于休息状态，沉浸在其他不相关的想法之中时，能够解决问题的创意就会冒出来。爱因斯坦的一句名言也佐证了这一点："我的所有发现皆非出于理性思维。"

第五步：创意实施

在这一步中，我们需要将原石加工为宝石。一旦创意浮现，我们就要对它进行修正，使它更符合现实，还要在施行过程中对它进行完善。刚出炉的创意还停留在原石的形态，或许它并不那么令人满意，但我们要有定力，在实施创意的同时对它进行修正和完善。与能够对你的创意进行评判的人进行交流，听取对方的意见，这是审视创意的好方法。

詹姆斯·韦伯·扬说过，对获取创意的方法进行说明并不难，难的是将创意带进现实。我在撰写本书的过程中，也运用过这五步。确实如詹姆斯所说，实非易事。为了灵活运用这五个步骤，我们可以利用前面提到过的思维工具。思维导图、OUTLINER、KJ 法的框架都适合用来激发创意。但我还是要强调一下，创造力的培养非一日之功。它需要我们的不懈努力与反复训练，我们不能浅尝辄止，认为"我果然不行"而轻易放弃。

# 正确的头脑风暴方式

## 日光之下，并无新事

爱因斯坦说过这样一句话："我要反复思考几个月乃至几年。前九十九次我失败了，但是第一百次我成功了。"要想获得创意并借此体验成功的喜悦，我们该怎么做呢？

我们会遇到急需创意的时刻，比如拟定书名或课程名称。这时，能用得上的有效方法是，打开思维导图 App，将零散的创意句子写下来；也可以看一看其他书的名字、其他课程的名称作为参考，也可以尝试将它们翻译成英语随手记下来。写下大概 100 个句子时，可以将它们相互关联，看能否产生新的语句；当然，新的语句也可能会直接从脑海中闪现。

　　2011 年，韩国一档名为"我是伪君子"[①]的播客节目走红后，使得"我是 xxx"这一句式火遍了大街小巷。此外，既是知名播客节目名称，也出版了同名实体书的"开展知性对话需要广泛了解的易懂知识点"句式也是如此。在此之后，知识类综艺节目"懂也没用的神秘杂学词典"等名字如雨后春笋般出现。就算天底下不存在真正新颖的创意也无妨。

　　假设你写下了 100 个书名，其中真正有用的书名又有多少呢？大约 50% 很难用作书名，大约 40% 属于思考过程中没舍得划掉，或是过于偏激，或是有些过度的创意。最后剩下的大约 10%，各有其适用范围，但都算不上多么新颖。在极少数情况下，你会迎来找到那约占 1% 的创意的一刻。

　　除了构思书名，上述方法也可以用来解决实际问题吗？经营着日本知名电商平台，同时出版过多本"思考力"相关著作的永田丰志在自己的书中说道，人的想法可以分为四个阶段，分别是无用阶段，候补阶段，改善阶段，创意阶段。

　　无用的想法需要被舍弃。它们既没有新意，也毫无用处。候补想法的作用当然就是候补。它们虽然很有趣，但很难应用于实

① 针对第 17 届韩国总统李明博的政治吐槽类节目，节目名称中的"我"即李明博，以此讽刺其阴险奸诈、无孔不入的行事风。有趣的是，该节目一直播出到下一任总统的选举当日，即李明博的任期结束时。——译者注

际。不过，候补想法可能会在后面变成有用的想法。在改善阶段，我们可以将特定想法向着更好的方向完善。然而，具有创意的想法很少出现。具有创意的想法指的是那些能够取得 2~3 倍的成效，并能有效解决问题的想法。

## 诞生于无用想法中的创意

在这四个阶段中，我们真正需要的是改善阶段和创意阶段。让我们想一下什么是可改善的想法，什么是有创意的想法。可改善的想法只能解决 20% ～ 30% 的问题，因此在很多情况下容易被忽视。比如，针对塑料造成的环境污染问题，咖啡馆被明令禁止使用塑料杯。毫无疑问，这种规定确实有助于改善环境问题，但人们很难看到它带来的直接成效，而且会招致其他矛盾与问题的发生。比如，在小型咖啡馆里，员工不得不专门抽出时间来清理餐具，工作效率也随之下降。然而，这种规定确实能使塑料污染问题向着更好的方向发展，因此算是具有可行性的想法。

那么，有创意的想法又是怎样的呢？我干脆拿星巴克举例吧。星巴克以前会提供一种叫单服务（Drink Calling）。接收订单的人会告诉咖啡师顾客点了什么东西，咖啡师会在咖啡杯上记下顾客的信息和需求，然后制作相应的咖啡。

不过，随着订单量的增加，这种做法也变得很没效率。为了改善这一问题，星巴克取消了叫单服务，取而代之的是另一种做法：接收订单的人在收到订单的同时，就要在杯子上记下顾客的需求，然后把杯子交给咖啡师。这种做法就属于可改善想法，能够有效地提高员工处理订单的效率。

可是，这又会导致新的问题。星巴克的特色在于为顾客提供多样化的选择。也就是说，员工需要按照顾客的要求定制咖啡。但是，这种做法对接收订单的人的记忆力提出了更高的要求，员工因此需要接收更长时间的培训，这导致星巴克不得不上调饮品价格。但是，工作效率依然低下。

针对这个问题，星巴克开发了一种新模式。这就是使用至今的"标签法"。现在，接收订单的人只需要将订单信息录入相关的设备，就能打印出相应的标签。我还听说，星巴克足足投入了两年多的时间以研发这种模式。这种想法能够同时解决饮品价格、工作效率、员工培训、订单内容等方面的问题，属于有创意的想法。

要想生产、发掘和维持有创意的想法，我们需要在各方面付出努力。为了解决实际问题，我们往往需要投入大量的金钱和时间。然而，如果能采用有创意的想法，就能帮助人们解决许多方面的问题。另外，这些有创意的想法是从无用的想法开始的。请记住，无用的想法并非真的无用，而是我们走向未来的跳板。

## 公司的"自由发言大杂烩"

如果你想短时间内收获大量的想法，那么头脑风暴是一个不错的办法。头脑风暴非常有名，想必大家都有所了解，但问题是，许多人的使用方法并不对。

头脑风暴在 20 世纪 30 年代由美国 BBDO 广告公司 CEO 亚历克斯·奥斯本（Alex Osborn）提出。作为一家广告公司，BBDO 需要源源不断的新创意。然而，这家以创意为生的公司却出现了一个问题——员工们什么也不说。

在当时的职场里，人们十分重视上下级关系和公司的规定，因此员工无法自由地表达自己的想法。

经过一番思索，奥斯本开始尝试一种全新的会议方式。他从不同的部门选出一些互不相关的人，并将他们召集到一起开会。除了市场部、企划部，还有人事部的员工，甚至公司的会计。

就这样，大家可以抛开诸多顾虑，畅所欲言。而且，那些工作属性与"创意"相去甚远的员工的想法，却往往能发展为新的创意。

奥斯本将这个方法加以细化，创造出了头脑风暴这种会议方法。它日后被推广到各个领域，历经了近百年的时间，至今使用起来仍十分高效。

或许你认为，头脑风暴是一种自由度非常高的会议方法。然后呢？人们以"十分自由"的方式展开头脑风暴，结果却一无所获："这个方法不怎么样嘛。"头脑风暴看似自由，但必须遵守相应的规则，才能有所收获。

那么，头脑风暴都有哪些规则呢？头脑风暴的规则分为基本规则和参与者必须遵守的规则。

头脑风暴的基本规则如下：

①理想人数控制在 5～10 人。

②能够令人放松的环境。

③将不同类型的人安排在一起。

④主持人负责营造融洽、舒适的氛围。

⑤讨论的问题不要笼统，应当具体。

⑥只围绕一个主题进行讨论，而不是多个主题。

⑦对会议内容进行记录，并发放给所有人。

参与者需要遵守的规则如下：

①不对想法的好坏优劣评头论足。用"并且"代替"但是"。

②天马行空、打破陈规的想法会很受欢迎。

③想法在多不在精。

④不要执着于单个的想法。可以将两个或多个想法结合起来进行完善，从而提出新的想法。

如果你在头脑风暴中尝试运用上述规则，你就会见证各种各样新颖的想法不断涌现。

到现在为止，我们已经了解了如何进行思维整理、如何进行表达以及如何将它们运用到自己身上。这些方法不仅对职场生活和人际关系相当有意义，也是我们改变自己人生的利器。我们会遇到各种各样的难题，其中大部分都能从我们的思考方式中找到应对之策。

毫不夸张地说，思考决定着我们的人生。只是，从来没有人教给我们应该如何思考。

爱因斯坦为我们留下这样一句名言："如果你每天都在做和昨天一样的事情，却又期待着不一样的未来，这与精神病的早期症状没什么两样。"我们可以将他的话稍微改一下："不要一边思考与昨天一样的内容，一边妄想着能获得什么成果！"

**请不要忘记，我们的未来如何，取决于我们自己。**